普通高等教育“十三五”规划教材

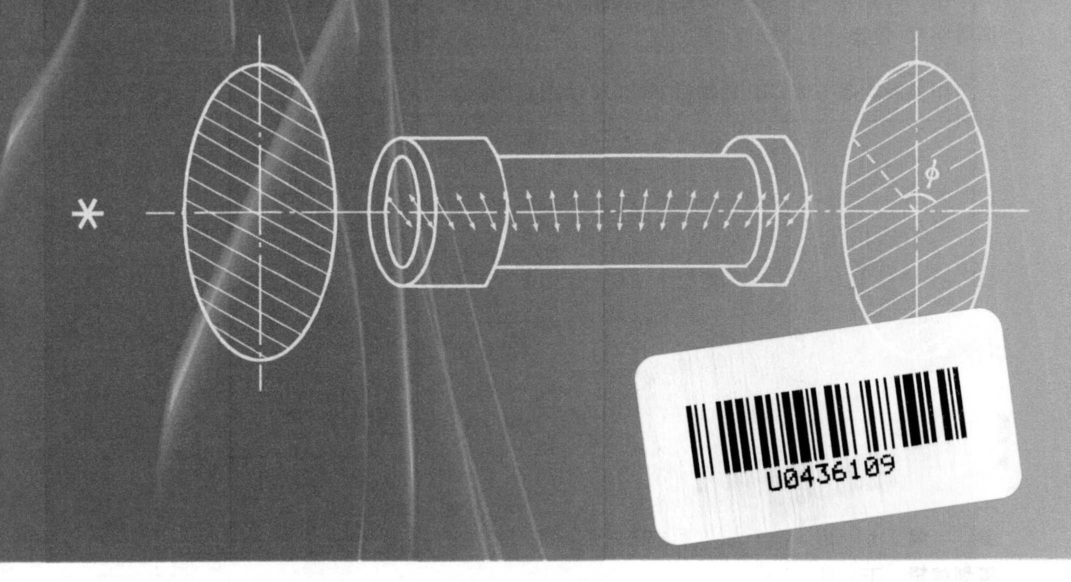

大学物理实验（医学类）

主　编　董　维　王红理　俞晓红

参　编　（以姓氏笔画为序）

卜　涛　冯　宇　孙明珠　张　玮　张俊武

图书在版编目(CIP)数据

大学物理实验:医学类 / 董维,王红理,俞晓红主编;冯宇等参编. —西安:西安交通大学出版社,2016.6(2023.12 重印)
ISBN 978-7-5605-8536-9

Ⅰ. ①大… Ⅱ. ①董… ②王… ③俞… ④冯… Ⅲ. ①物理学-实验-高等学校-教材 Ⅳ. ①04-33

中国版本图书馆 CIP 数据核字(2016)第 111706 号

书　　名 大学物理实验(医学类)
主　　编 董　维　王红理　俞晓红
参　　编 卜　涛　冯　宇　孙明珠　张　玮　张俊武
策划编辑 王　欣
责任编辑 王　欣

出版发行 西安交通大学出版社
(西安市兴庆南路 1 号　邮政编码 710048)
网　　址 http://www.xjtupress.com
电　　话 (029)82668357　82667874(市场营销中心)
(029)82668315(总编办)
传　　真 (029)82668280
印　　刷 西安日报社印务中心

开　　本 787mm×1092mm　1/16　**印张** 11.75　**字数** 284 千字
版次印次 2016 年 7 月第 1 版　2023 年 12 月第 8 次印刷
书　　号 ISBN 978-7-5605-8536-9
定　　价 27.00 元

如发现印装质量问题,请与本社市场营销中心联系。
订购热线:(029)82665248　(029)82667874
投稿热线:(029)82664954　QQ:8377981
读者信箱:lg_look@163.com

Foreword 前言

本书是根据教育部对医学类专业大学物理实验教学的基本要求，结合高校合并十多年来医学类专业物理实验教学改革的实践，同时吸收和借鉴了理工类大学物理实验教学的许多宝贵经验，在原有教材基础上编写的。全书共28个实验，内容涉及力学、热学、声学，电磁学、光学及近代物理学实验。

本书的指导思想是“加强基础、培养能力、提高素质、突出创新”，从培养高素质的医学人才出发，改变了医学类专业原来单一的传授物理实验知识和技能的教学模式，对现有实验和新开实验进行了充实、优化和组合，力图使医学专业的学生通过有限的物理实验课程，掌握更多的科学实验知识、方法和技能，使本课程在学生的素质培养中发挥更大的作用。为此，本教材的编写突出了以下三个方面的特点。

(1)内容的选取方面。考虑到医学类专业大学物理实验单独设课后对本课程的基本要求，保留了大学物理实验中经典的基础性内容；考虑到医学类院校的专业特点，编写了反映现代科学技术发展和与医学专业及生命现象密切相关的综合性的近代物理学实验；考虑到医学类专业学生的层次和学制长短的不同，在每一章实验的后面，编写了一些设计性实验，用以扩展学生的视野，开发学生的智力，作为学有余力和起点较高的学生进行设计和研究训练的实验内容。

(2)实验方法和技能的训练方面。遵循由浅入深、循序渐进、逐步提高的原则。基于实验室的条件和仪器的配套情况，实验尽量“一机多用”，即同一个实验项目，一般都有两种以上不同实验方法，或选用不同的仪器测量同一个物理量，这样有利于学生在实验知识上的融会贯通和技能上的灵活运用；有利于培养学生的科学思维和创新能力。

(3)教材的结构方面。为了激发学生的学习兴趣，每个实验开头有引言，简要介绍该实验在理论上的重要意义，在医学或生命科学领域的应用，以及该实验在方法上具有的特点等；为了便于学生预习和自学，每个实验都较详细地介绍了主要仪器的结构原理和使用方法；每个实验后都有思考题，有的结合专业要学生自己查找资料进行解答，以培养学生独立分析和解决问题的能力。限于医学类专业大学物理实验课学时少、课时短，我们将需查阅的常用数据附在各实验的后面，以便学生在处理数据时快速查找需要的数据。

在本书的编写中，我们还注意了教材的系统性、启发性和适用性。内容的覆盖面较广，可供临床医学、法医、口腔、预防、护理及药学专业的学生使用。

本书由董维、王红理、俞晓红主编，冯宇、张玮、张俊武、孙明珠、卜涛参与编写。其中绪论、第1章由王红理编写；第2章实验6、7、8，第4章实验21、24、25、28和全书的设计性实验、附表、附录由董维编写；第2章实验4，第3章实验13、19，第4章实验26、27由俞晓红编写；第3章实验11、12、14、15、16、17、18由冯宇、卜涛编写；第2章实验9、10由张俊武编写；第2章实验1、2、3、5由张玮编写；第4章实验20、22、23由孙明珠编写。张俊武绘制了本书的全部插图。董维、王红理和俞晓红修改、统稿。

大学物理实验教学是一项集体的事业，本书的编写是全体从事物理实验教学的教师和技术人员不断探索、改革、总结、完善的结果，是全体教工劳动智慧的结晶。本书在编写过程中，得到了大学物理实验教学中心同仁的大力支持，尤其是何玉琴同志对该书的编写做了不少工作，谨向她表示衷心的感谢。同时，在本书的编写过程中还参阅并借鉴了兄弟院校的有关教材和教学实践经验，恕不一一列出，在此一并表示感谢。

由于编者水平有限，书中一定存在许多不足和疏漏，恳请读者批评指正。

编　者

2016年3月

Contents 目录

绪 论

一、大学物理实验课的作用、地位和任务

物理学是一门实践性很强的学科。任何物理概念的确立，以及定律和原理的发现，都是以大量的实验事实为依据，并不断经受实验的检验的。因此，在物理学的发展进程中，物理实验起着极其重要的作用。它和理论研究相辅相成，相互促进，推动了整个自然科学与技术的发展。

大学物理实验是医学类高等院校对学生进行科学实验基本训练的重要课程，它是一门独立开设的必修基础课，也是学生进入大学后接受系统实验技能训练的开端。作为后续实验课程的基础，尤其是在培养学生的科学思维，提高创新意识和实验能力方面，物理实验课起着其他课程不可替代的作用，因此，它具有和理论课同等重要的地位。

本课程的具体任务是：

(1)通过对物理实验现象的观测、分析和对物理量的测量，学会运用物理学理论分析和指导实验的方法，在实验中加深对物理规律的认识和理解。

(2)培养学生科学实验的能力。其中包括：

①通过阅读实验教材和有关资料(网上资源)，概括出实验原理和实验方法的要点。

②能够正确使用并独立操作基本实验仪器，掌握基本物理量的测量方法和实验技能。

③能够正确记录和处理实验数据、绘制图线、分析实验结果、撰写合格的实验报告。

④能够完成简单的设计性实验。

(3)培养和提高学生的科学实验素质。通过物理实验课，培养学生实事求是的科学作风，严肃认真、细致踏实的科学态度，勇于探索科学真理的拼博精神，遵守纪律、团结协作、节约和爱护公物的优良品德。

二、大学物理实验课的程序和要求

1.课前预习

课前通过认真阅读实验教材，明确本次实验的目的和原理，了解所用仪器的原理、构造和性能，使用方法及注意事项。在此基础上，按照实验内容和要求，写出简明扼要的预习报告，设计出数据记录表格。实验课上，教师将以不同方式检查预习情况，并作为评定课内成绩的一部分。因此，要想在实验中取得主动，做好课前预习至关重要。

2.课内操作

课内操作是完成实验任务的主要环节。学生进入实验室以后，应当遵守实验室规则。测量前先检查仪器及有关器材是否完备，然后合理布置仪器。电学实验按电路图接好线路，经教师检查后方可接通电源。光学实验应按要求认真调整好仪器再进行测量。在测量过程中要细

心观察实验现象,认真钻研和探索实验中的问题。应如实地记录测量数据,不得拼凑、涂改或事后追加数据。如发现数据不合理,要仔细分析原因,然后重做实验。实验时还应记录所用仪器的名称、规格与型号、准确度级别,以及实验时的环境条件,如温度、湿度、气压等。实验完成后,先止动仪器(或切断电源),请教师审阅原始数据,待教师签字后,再将仪器整理复原。

3.课后撰写实验报告

实验报告是对实验的全面总结。写实验报告时,要用自己的语言描述所做的实验内容,所依据的物理概念及反映的物理规律,实验结果及对结果的分析,自己对实验的见解及收获等。所以,认真书写实验报告是对今后书写科研报告和科学论文的一种基本训练。任何不动脑筋、照抄书本的报告都是不可取的。实验报告统一在报告本上书写,要求字迹工整,图表规范,文句简练,数据齐全。实验报告的内容包括:

①实验名称。

②实验目的。

③实验仪器:主要仪器的规格、型号、量程、准确度级别等。

④实验原理:简要阐述实验所依据的物理学定律、公式,并画出有关的实验装置(电路、光路)图。

⑤实验内容和步骤:要简洁准确,其他人应能依据此步骤重复实验。

⑥数据记录与处理:包括数据表格、主要运算过程、实验结果的误差估算和结果的正确表示。若需用作图法处理数据,要严格按作图规则绘制实验图线。

⑦分析讨论:包括分析实验结果误差产生的原因、改进实验的建议以及心得体会等。

⑧课后思考题:抄写并回答所布置的课后思考题。

三、如何学好大学物理实验课

1.思想重视,刻苦钻研

要想学好大学物理实验这门课程,首先必须充分认识这门课程的重要性,重视实验课的各个环节。其次要肯下功夫,刻苦钻研。这样,学习才会变成自觉的行动,通过实验积极主动地探索和研究问题,在实践中找到学习的乐趣。只有自觉地树立了获取知识和技能的强烈欲望,才能进入学习的最佳状态,并迅速提高学习效率。相反,任何轻视实验的思想和消极懒惰的行为对学习这门课都是有害的。

2.注重实验课的学习方法

每个实验都有其独特的实验思想和实验方法,同学们在实验中要善于总结物理实验的方法和测量技巧,了解它们的适用条件及优缺点,通过亲自动手,认真思考,积累经验,为今后独立设计一些简单的实验、确定实验方案打下良好的基础。

3.培养良好的科学实验素质

一开始做实验就要养成良好的实验习惯。例如,实验仪器的布局、仪表的安放、电路的连接、读数,以及实验器具的使用等,都必须严格遵守操作规则和程序。按照正确的方法使用仪器,才能使测量数据的可靠性和实验的安全性得到保证。具备良好的科学实验素质,将会使大家受益终身。

第1章 测量误差与数据处理基本知识

本章主要介绍测量误差、有效数字和数据处理基本方法等内容，这些都是实验必备的基础知识，它不仅贯穿在整个物理实验过程中，也是今后从事科学实验所必须了解和掌握的。同学们应当认真学习，灵活运用。

1.1 测量与误差基本概念

1.1.1 测量与误差

测量是物理实验的基础。具体来讲，测量就是把待测物理量与一个被选作标准的同类物理量进行比较，以确定其与标准量的比值。这个标准量称为该物理量的单位，这个比值就称为待测物理量的数值。

测量分为直接测量和间接测量。凡是能用仪器、量具直接测得被测量大小的测量，就称为直接测量。例如，用米尺测量物体的长度，用天平称量物体的质量，用安培计测量电路中的电流以及用秒表测量时间等，均为直接测量。利用直接测量的量与被测量之间的函数关系，通过计算得出被测量的大小，这个过程就叫间接测量。这个计算出来的结果就叫间接测量量。例如，测铜圆柱体的密度时，圆柱体的直径 d、高度 h 和质量 m 均可直接测得，而体积和密度须用公式计算得出，体积和密度的测量便是间接测量。物理实验中的测量大部分是间接测量。

反映物质某种特性的物理量所具有的客观存在的真实数值，称为真值。测量的目的就是力图获得真值。但由于实验条件、测量方法、测量仪器的精密度及测量者自身技能等原因，使得测量结果与被测量的真值之间总存在着一定的差值。我们把这个差值定义为测量误差，用下式表示

$$\text{测量误差 } \delta x = \text{测量值 } x - \text{真值 } x_0 \tag{1}$$

误差始终存在于一切科学实验和测量过程之中，一切测量结果都存在着误差，这就是误差公理。

1.1.2 误差的分类

根据误差的性质和产生原因，误差可分为系统误差、随机误差和粗大误差三种。

1. *系统误差*

系统误差的特点是具有确定性，即测量的结果在相同条件（方法、仪器、环境、人员）下总是向某一确定方向偏离，或在条件变化时按照一定的规律变化。系统误差产生的原因有：仪器本身的缺陷（如刻度不准确或不均匀、零点未校准好等）、理论公式或测量方法的近似性，以及环境（如测量过程中温度、湿度、气压、光照等发生改变）的变化等。

由于系统误差的数值和符号(+、-)是定值或按某种规律变化的,所以系统误差不能通过多次测量减小或消除。

系统误差一般可通过校准仪器、改进实验装置和实验方法,或者对测量结果进行适当的修正等措施,尽可能地减小或消除。

2. 随机误差

随机误差也称偶然误差。它的特点是随机性。即在相同条件下,对某一物理量进行多次测量时,相对真值而言,测量值时而偏大,时而偏小。随机误差是由不可预测的或无法控制的偶然因素引起的,例如,外界环境(温度的起伏、振动、气流、噪声等)的干扰,实验者感官(视觉、听觉、触觉)的分辨力及灵敏程度等。若不考虑系统误差,就随机误差而言,对某一测量值,其大小和趋向是不能预知的。实践证明,当测量次数足够多时,所有测量结果遵循一定的统计规律,测量的随机误差均服从高斯分布即正态分布,其分布曲线如图 1-1 所示。高斯分布的特点如下:

①单峰性,即绝对值小的误差出现的概率比绝对值大的误差出现的概率大(次数多)。

②对称性,即绝对值相等的正负误差出现的概率相等。

③有界性,随机误差存在一"最大误差",即误差的绝对值不超过某一限值。

④抵偿性,当测量次数趋于无穷大时,随机误差的算术平均值趋于零。

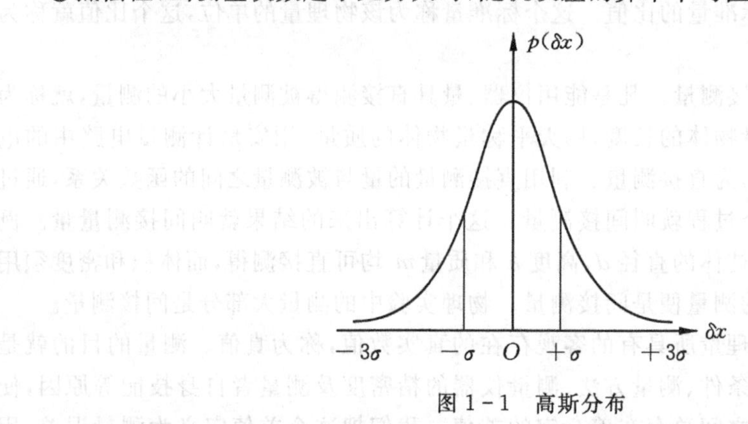

图 1-1 高斯分布

3. 粗大误差

明显偏离了测量结果的异常误差称为粗大误差。它是由于实验者的粗心大意、使用仪器的方法不正确、读数或记录数据失误引起的。这种人为因素造成的错误,只要实验者采取严肃认真的态度,及时发现并加以纠正,是完全可以避免的。

根据上述对几种误差的描述,在实验中要找出影响实验结果的主要因素,需进行具体分析,一般先剔除粗差,消除或减小系统误差,然后估算随机误差并与未定的系统误差进行合成,得出测量结果的误差。

1.1.3 测量误差的估算

1. 直接多次等精度测量误差的估算及结果的表示

在实际测量中,由于无法测得真值,所以用多次测量的算术平均值作为被测量真值的最佳估计值。

(1)算术平均值

对某一物理量在相同条件下进行 n 次测量，测量值分别为 $x_1, x_2, \cdots, x_n$。其算术平均值为

$$\overline{x} = \frac{1}{n}(x_1 + x_2 + \cdots + x_n) = \frac{1}{n}\sum_{i=1}^{n} x_i \tag{2}$$

式中：$\overline{x}$ 为该测量列真值的最佳估计值。因此，测量结果通常就用算术平均值来表示。

(2)算术平均偏差

每一次的测量值 x_i 与算术平均值 $\overline{x}$ 之差称为该次测量的偏差，用 Δx_i 表示，即

$$\Delta x_i = x_i - \overline{x} \quad (i = 1, 2, \cdots, n)$$

这些偏差有大有小，有正有负。把各次偏差取绝对值再平均就得到算术平均偏差，又称为平均绝对误差，即

$$\overline{\Delta x} = \frac{1}{n}(|\Delta x_1| + |\Delta x_2| + \cdots + |\Delta x_n|) = \frac{1}{n}\sum_{i=1}^{n} |\Delta x_i| \tag{3}$$

测量结果可表示为

$$x = \overline{x} \pm \overline{\Delta x} \tag{4}$$

式中：$\overline{x}$为被测量真值的最佳估计值；$\overline{\Delta x}$是被测量误差的估计值。上式表明，$(\overline{x} - \overline{\Delta x})$到$(\overline{x} + \overline{\Delta x})$区间内包含真值的可能性最大(或置信度最高)。这是测量误差的一种最简单而粗略的估算。

(3)标准偏差(又称方均根偏差)

标准误差是随机误差最常用的表示方式，对于单次测量的标准偏差，用 S_x 表示，即

$$S_x = \sqrt{\frac{1}{n-1}\sum_{i=1}^{n} (x_i - \overline{x})^2} \tag{5}$$

式(5)称为贝塞尔公式，S_x 是测量列中任一次测得值的标准偏差。

由于算术平均值比任何一次测量值都更接近于真值，即 $\overline{x}$ 的可靠性比任何一次测量值 x_i 都高，所以算术平均值的标准偏差 $S_{\overline{x}}$必然小于测量列的标准偏差 S_x。可以证明，算术平均值的标准偏差 $S_{\overline{x}}$表示为

$$S_{\overline{x}} = \frac{S_x}{\sqrt{n}} = \sqrt{\frac{1}{n(n-1)}\sum_{i=1}^{n} (\Delta x_i)^2} \tag{6}$$

上式表明，n 次测量的算术平均值的标准偏差是 S_x 的 $1/\sqrt{n}$。

当随机误差用标准偏差表示时，单次测量结果可写为

$$x = \overline{x} \pm S_x \tag{7}$$

多次测量结果可写为

$$x = \overline{x} \pm S_{\overline{x}} \tag{8}$$

标准偏差的大小，反映了一组多次测量数据之间的离散程度，它是对该组测量数据可靠性的一种评价。标准偏差小，表示测得值分布密集，测量精密度高，正态分布曲线尖锐；标准偏差大，表示测量值很分散，测量精密度低。显然，增加测量次数，$S_{\overline{x}}$变小，对提高测量的精密度是有益的。但 n 过大，有时会出现“漂移”现象，这在物理实验中对测量是不利的。一般根据被测量的具体情况，测量次数取 5～10 次即可。

由式(3)和式(8)可知，算术平均偏差与标准偏差都可作为测量值误差的量度，但标准偏差$S_{\overline{x}}$与随机误差理论中的高斯误差分布函数的关系更为直接和明确，因此，标准偏差比算术平均偏差更能准确地表征测量值的离散程度和分布情况，故在正式的误差分析中多采用标准偏差作为随机误差大小的量度。一般在要求不高或数据离散性较小时，用算术平均偏差表示则较为简便。

(4)相对误差

算术平均偏差和标准偏差都是以误差的绝对值来表示测量值的误差。为了评价一个测量结果的优劣，还需要考虑被测量本身的大小。为此，引入相对误差E，它是一个比值，无单位，常用百分数来表示，即

$$E_r = \frac{\overline{\Delta x}}{\overline{x}} \times 100\% \tag{9}$$

式中：$\overline{\Delta x}$用算术平均偏差或标准偏差表示时，相对误差分别为

$$E_x = \frac{\overline{\Delta x}}{\overline{x}} \times 100\% \qquad E_x = \frac{S_{\overline{x}}}{\overline{x}} \times 100\%$$

相对误差可用于比较测量结果的可靠程度，例如，测得两物体的长度分别为$l_1=(34.50\pm 0.02)\text{cm}$，$l_2=(3.45\pm 0.02)\text{cm}$，则它们的相对误差分别为

$$E_1 = \frac{0.02}{34.50} \times 100\% = 0.06\% \qquad E_2 = \frac{0.02}{3.45} \times 100\% = 0.6\%$$

可见，二者绝对误差相等，但相对误差l_2是l_1的10倍，显然，l_1的测量更准确。

百分误差：当被测量有公认的理论值或标准值时，常把测量值与理论值或标准值进行比较，并用百分误差形式来表示，即

$$E_r = \frac{|\overline{x} - x_{公认}|}{x_{公认}} \times 100\% \tag{10}$$

【例题1】 用一级千分尺(仪器示值误差为0.004 mm)测量钢球直径10次，数据如表1-1所示。

表1-1

次数	1	2	3	4	5	6	7	8	9	10
d/mm	11.998	12.005	11.998	12.007	11.997	11.995	12.005	12.003	12.000	12.002

试估算直径d的算术平均值、算术平均偏差、单次测量值的标准偏差和平均值的标准偏差，并正确表示测量结果。

解(1)算术平均值

$$\overline{d} = \frac{1}{10}\sum_{i=1}^{10} d_i = \frac{1}{10}(11.998 + 12.005 + 11.998 + 12.007 + 11.997 + 11.995 + 12.005 + 12.003 + 12.000 + 12.002) = 12.001 \text{ mm}$$

(2)算术平均偏差

$$\overline{\Delta d} = \frac{1}{10}\sum_{i=1}^{10} |\Delta d_i| = \frac{1}{10}(0.003 + 0.004 + 0.003 + 0.006 + 0.004 + 0.006 + 0.004 + 0.002 + 0.001 + 0.001) = 0.003 \text{ mm}$$

(3)单次测量值的标准偏差

$$S_d=\sqrt{\frac{\sum_{i=1}^{10}(d_i-\overline{d})^2}{10-1}}=\sqrt{\frac{144\times10^{-6}}{9}}=0.004\ \mathrm{mm}$$

(4)平均值的标准偏差

$$S_{\overline{d}}=\frac{S_d}{\sqrt{n}}=\frac{0.004}{\sqrt{10}}=0.001\ \mathrm{mm}$$

(5)测量结果

$$\begin{cases}d=(12.001\pm0.003)\ \mathrm{mm}\\ E_d=\dfrac{0.003}{12.001}\times100\%=0.025\%\end{cases}$$

或

$$\begin{cases}d=(12.001\pm0.001)\ \mathrm{mm}\\ E_{\overline{d}}=\dfrac{0.001}{12.001}\times100\%=0.008\%\end{cases}$$

2.单次测量误差的表示

物理实验中,在测量只需进行一次或只能测量一次的情况下,仪器正常使用时,单次测量的算术平均偏差就可用仪器最小分度值 Δd 的一半表示,其测量结果表示为

$$x=x_{测}\pm\frac{\Delta d}{2} \tag{11}$$

对于精确度等级已知的仪器和仪表,可用仪器误差作为单次测量的误差,其结果表示为

$$x=x_{测}\pm\Delta_{仪} \tag{12}$$

例如,50分度游标尺的 $\Delta_{仪}=0.02$ mm,一级千分尺的 $\Delta_{仪}=0.004$ mm,标准偏差可表示为

$$S_{仪}=\frac{\Delta_{仪}}{\sqrt{3}} \tag{13}$$

3.间接测量误差的估算及结果的表示

由于直接测量值有误差存在,因而通过直接测量值运算得到的间接测量值必然有误差存在,这称为误差的传递,所传递的误差与直接测量值误差的大小及函数关系式有关。下面介绍算术平均偏差和标准偏差的传递公式。

(1)算术平均误差传递公式

设间接测量值 N 的函数式为

$$N=f(x,y,z,\cdots) \tag{14}$$

式中:$x,y,z,\cdots$ 为各个独立的直接测量值。每一直接测量值为多次等精度测量,且只考虑随机误差,各直接测量值为

$$x=\overline{x}\pm\overline{\Delta x},\quad y=\overline{y}\pm\overline{\Delta y},\quad z=\overline{z}\pm\overline{\Delta z}$$

则间接测量值可表示为

$$N=\overline{N}\pm\overline{\Delta N} \tag{15}$$

式中:$\overline{N}$ 是把各个直接测量值的算术平均值代入式(14)后求出的间接测量值的最佳值。对式(14)求全微分,有

$$dN=\frac{\partial f}{\partial x}dx+\frac{\partial f}{\partial y}dy+\frac{\partial f}{\partial z}dz+\cdots$$

式中：$dx,dy,dz,\cdots$为$x,y,z,\cdots$的微小变化量。

由于误差都远小于测量值，所以可把$dx,dy,dz,\cdots,dN$看作误差，并记作$\Delta x,\Delta y,\Delta z,\cdots,\Delta N$，则绝对误差$\Delta N$表示为

$$\Delta N=\left|\frac{\partial f}{\partial x}\Delta x\right|+\left|\frac{\partial f}{\partial y}\Delta y\right|+\left|\frac{\partial f}{\partial z}\Delta z\right|+\cdots \tag{16}$$

此式即为算术合成法误差传递公式。式中取绝对值是考虑到误差最大的情况。

对式(14)取自然对数再求全微分，可得间接测量值的相对误差传递公式，即

$$E_N=\frac{\Delta N}{\overline{N}}=\left|\frac{\partial \ln f}{\partial x}\Delta x\right|+\left|\frac{\partial \ln f}{\partial y}\Delta y\right|+\left|\frac{\partial \ln f}{\partial z}\Delta z\right|+\cdots \tag{17}$$

由式(16)和式(17)可知，当间接测量值的函数式为加减运算时，可通过直接求全微分的方法求出绝对误差和相对误差；而函数式为乘除运算时，可先求得相对误差$\Delta N/\overline{N}$，再用$\Delta N=E_N\overline{N}$求绝对误差较为方便。表1-2列出了常用函数算术平均误差传递的基本公式。

表1-2 常用函数误差传递基本公式

函数关系式	误差传递公式
$N=x\pm y$	$\Delta N=\Delta x+\Delta y$
$N=xy, N=\frac{x}{y}$	$\frac{\Delta N}{N}=\frac{\Delta x}{x}+\frac{\Delta y}{y}$
$N=kx$	$\Delta N=k\Delta x, \frac{\Delta N}{N}=\frac{\Delta x}{x}$
$N=x^k, N=\sqrt[k]{x}$	$\frac{\Delta N}{N}=k\frac{\Delta x}{x}, \frac{\Delta N}{N}=\frac{1}{k}\frac{\Delta x}{x}$
$N=\frac{x^k\cdot y^m}{z^n}$	$\frac{\Delta N}{N}=k\frac{\Delta x}{x}+m\frac{\Delta y}{y}+n\frac{\Delta z}{z}$
$N=\sin x$	$\Delta N=\lvert\cos x\rvert\Delta x, \frac{\Delta N}{N}=\lvert\cot x\rvert\cdot\Delta x$
$N=\ln x$	$\Delta N=\frac{\Delta x}{x}$

【例题2】 测得铜圆柱体的高$h=(3.004\pm0.001)$ cm，直经$d=(1.499\pm0.001)$ cm，计算铜圆柱体的体积及算术平均误差。

解 体积 $V=\frac{\pi}{4}d^2h=\frac{1}{4}\times3.142\times(1.499)^2\times3.004=5.302\ \text{cm}^3$

相对误差 $E_v=2E_d+E_h=2\frac{\Delta d}{d}+\frac{\Delta h}{h}$

$=2\times\frac{0.001}{1.499}+\frac{0.001}{3.004}=0.2\%$(或0.17%)

绝对误差 $\Delta V=V\cdot E_v=5.302\times0.2\%=0.009\ \text{cm}^3$

测量结果 $\begin{cases}V=(5.302\pm0.009)\ \text{cm}^3\\E_v=0.2\%(\text{或}0.19\%)\end{cases}$

注意：在物理实验中，绝对误差只保留一位，它应与计算结果有效数字的最末一位(存疑数

字)对齐。相对误差可取 1～2 位数字。

(2)标准偏差的传递公式

对某间接测量值 $N=f(x,y,z,\cdots)$，用“方和根”合成法，可求得其标准偏差的传递公式

$$S_N=\sqrt{(\frac{\partial f}{\partial x})^2 S_x^2+(\frac{\partial f}{\partial y})^2 S_y^2+(\frac{\partial f}{\partial z})^2 S_z^2+\cdots} \tag{18}$$

$$\frac{S_N}{N}=\sqrt{(\frac{\partial \ln f}{\partial x})^2 S_x^2+(\frac{\partial \ln f}{\partial y})^2 S_y^2+(\frac{\partial \ln f}{\partial z})^2 S_z^2+\cdots} \tag{19}$$

式中：$S_x, S_y, S_z, \cdots$分别为各个直接测量量的算术平均值的标准偏差。表 1-3 中列出了常用函数标准偏差的传递公式。

表 1-3　常用函数的标准偏差传递公式

函数关系式	标准偏差传递公式
$N=x\pm y$	$S_N=\sqrt{S_x^2+S_y^2}$
$N=xy, N=\frac{x}{y}$	$\frac{S_N}{N}=\sqrt{(\frac{S_x}{x})^2+(\frac{S_y}{y})^2}$
$N=kx$	$S_N=kS_x, \frac{S_N}{N}=\frac{S_x}{x}$
$N=x^k, N=\sqrt[k]{x}$	$\frac{S_N}{N}=k\frac{S_x}{x}, \frac{S_N}{N}=\frac{1}{k}\frac{S_x}{x}$
$N=\frac{x^k\cdot y^m}{z^n}$	$\frac{S_N}{N}=\sqrt{k^2(\frac{S_x}{x})^2+m^2(\frac{S_y}{y})^2+n^2(\frac{S_z}{z})^2}$
$N=\sin x$ 或 $N=\tan x$	$S_N=\lvert\cos x\rvert S_x$ 或 $S_N=\sec^2 x\cdot S_x$
$N=\ln x$	$S_N=\frac{S_x}{x}$

【例题 3】　用一级千分尺(仪器误差为 0.004 mm)测量金属丝直径 10 次，数据如表 1-4 所示。

表 1-4

次数	1	2	3	4	5	6	7	8	9	10
d/mm	0.202	0.205	0.200	0.206	0.203	0.208	0.205	0.207	0.204	0.202

用标准偏差估算误差，并正确表示测量结果。

解　d 的算术平均值

$$\overline{d}=\frac{1}{n}\sum_{i=1}^{10}d_i=\frac{1}{10}(0.202+0.205+0.200+0.206+0.203+0.208+0.205+0.207+0.204+0.202)=0.204\ \text{mm}$$

标准偏差

$$S_{\overline{d}}=\sqrt{\frac{1}{n(n-1)}\sum_{i=1}^{10}(\Delta d_i)^2}$$

$$=\sqrt{\frac{1}{90}\left[\begin{array}{l}(0.002)^2+(0.001)^2+(0.004)^2+(0.002)^2+(0.001)^2\\+(0.004)^2+(0.001)^2+(0.003)^2+0+(0.002)^2\end{array}\right]}$$

$= 0.001\ \text{mm}$

与仪器误差合成

$$\Delta = \sqrt{S_d^2 + \left(\frac{\Delta_{仪}}{\sqrt{3}}\right)^2} = \sqrt{0.001^2 + \left(\frac{0.004}{\sqrt{3}}\right)^2} = 0.003\ \text{mm}$$

测量结果表示为
$$\begin{cases} d = (0.204 \pm 0.003)\ \text{mm} \\ E_d = \dfrac{0.003}{0.204} \times 100\% = 1\%(\text{或 } 1.5\%) \end{cases}$$

【例题 4】 用流体静力称衡法测量不规则物体的密度。设测得在空气中的质量 $m = (27.06 \pm 0.02)$ g,在水中的视在质量 $m_1 = (17.03 \pm 0.02)$ g,当水的密度为 $\rho_0 = (0.9997 \pm 0.0003)$ g/cm³ 时,求物体的密度 ρ,用标准偏差估算误差,并正确表达测量结果。

解 流体静力称衡法测量物体密度的公式为

$$\rho = \frac{m}{m - m_1}\rho_0$$

取自然对数,求全微分

$$\ln\rho = \ln m - \ln(m - m_1) + \ln\rho_0$$

$$\frac{d\rho}{\rho} = \frac{dm}{m} - \frac{d(m - m_1)}{m - m_1} + \frac{d\rho_0}{\rho_0}$$

合并相同变量的系数

$$\frac{d\rho}{\rho} = -\frac{m_1}{m(m - m_1)}dm + \frac{1}{m - m_1}dm_1 + \frac{1}{\rho_0}d\rho_0$$

标准偏差传递公式

$$\frac{S_\rho}{\rho} = \sqrt{\frac{m_1^2}{m^2\ (m - m_1)^2}S_m^2 + \frac{1}{(m - m_1)^2}S_{m_1}^2 + \frac{1}{\rho_0^2}S_{\rho_0}^2}$$

将测量值代入求得

$$\rho = \frac{m}{m - m_1}\rho_0 = \frac{27.06}{27.06 - 17.03} \times 0.9997 = 2.697\ \text{g/cm}^3$$

标准偏差

$$\frac{S_\rho}{\rho} = \sqrt{\frac{17.03^2 \times 0.02^2}{27.06^2 \times (27.06 - 17.03)^2} + \frac{0.02^2}{(27.06 - 17.03)^2} + \frac{0.0003^2}{0.9997^2}} = 0.2\%$$

$$S_\rho = \rho \cdot \frac{S_\rho}{\rho} = 2.697 \times 0.2\% = 0.005\ \text{g/cm}^3$$

测量结果

$$\rho = (2.697 \pm 0.005)\ \text{g/cm}^3, \qquad E_\rho = 0.2\%$$

1.2 测量不确定度及结果的表示

1.2.1 测量不确定度的概念和分类

为了更科学地表示测量结果,国际计量局(BIPM)和国际标准化组织(ISO)等提出并制定了《实验不确定度的规定建议书(INC－1(1980)》及《测量不确定度表示指南(1993)》,规定采用不确定度来评定测量结果的质量。

测量不确定度简称不确定度,是指由于误差的存在而对被测量不能确定的程度。它是对被测量的真值所处量值范围的一个评定。不确定度的大小反映了测量结果与真值靠近的程度,显然,不确定度愈小,测量结果与真值愈靠近,测量结果的可靠程度愈高,测量的质量也就愈高。

在物理实验测量结果的表示中,不确定度从估算方法上可分为两类:A 类不确定度和 B 类不确定度。A 类不确定度是对多次重复测量用概率统计的方法来计算的一种评定;B 类不确定度是用其他非统计方法估算的一种评定。

在分析误差时,各类不确定度的评定彼此独立,将 A 类和 B 类的评定按"方和根"的方法合成就可得到总的不确定度。

1.2.2　直接测量不确定度的评定及测量结果的表示

1. 不确定度的 A 类评定

A 类标准不确定度用概率统计的方法来评定。

在相同的测量条件下,设 n 次等精度独立测量值为 $x_1,x_2,\cdots,x_n$,其算术平均值为

$$\overline{x}=\frac{1}{n}\sum_{i=1}^{n}x_i \tag{20}$$

用贝塞尔公式进行 x_i 高斯分布的实验标准偏差 $S(x_i)$ 的估算

$$S(x_i)=\sqrt{\frac{1}{n-1}\sum_{i=1}^{n}(x_i-\overline{x})^2} \tag{21}$$

平均值 $\overline{x}$ 的标准偏差 $S(\overline{x})$ 的最佳估计为

$$S(\overline{x})=\frac{S(x_i)}{\sqrt{n}} \tag{22}$$

故平均值的标准不确定度就用 $S(\overline{x})$ 表示。

因为在实验中,实际测量只能进行有限次,所以测量误差并不完全服从正态分布(高斯分布)规律,而是服从 t 分布(又称学生分布)规律。t 分布曲线比高斯分布曲线稍低稍宽。只有在测量次数 $n\to\infty$ 时,t 分布才趋于高斯分布。因而对于相同的置信概率要在贝塞尔公式的基础上乘以因子 t。据计算,在物理实验中,当测量次数为 $5<n\leqslant 10$ 时,因子 t 可近似取为 1,不确定度的 A 分量近似等于 $S_{\overline{x}}$,其置信概率近似为 0.95,即被测量的真值落在 $\overline{x}\pm S_{\overline{x}}$ 范围内的置信概率接近或大于 0.95。所以,一般可直接把 $S_{\overline{x}}$ 的值当作测量结果总不确定度的 A 类评定。

2. 不确定度的 B 类评定

B 类标准不确定度在测量范围内是无法用统计方法来估算的,所以,在物理实验中,一般情况下,把仪器误差 $\Delta_{仪}$ 直接作为不确定度的 B 类分量来估算。

3. 合成(总)不确定度 U

根据上述对不确定度的 A 类和 B 类分量的评定,由"方和根"法合成,合成(总)不确定度为

$$U=\sqrt{S_{\overline{x}}^2+\Delta_{仪}^2} \tag{23}$$

4. 测量结果的表示

算术平均值及合成不确定度 $x=\overline{x}\pm U$ (单位)

相对不确定度 $U_r=\dfrac{U}{\overline{x}}\times 100\%$

1.2.3 间接测量不确定度的估算及测量结果的表示

间接测量不确定度与一般标准误差传递的计算方法相同。设间接测量量 N 的函数式为

$$N=f(x,y,z,\cdots)$$

式中:$x,y,z,\cdots$为彼此独立的直接测量量。可以证明,间接测量量的最佳估计值为

$$\overline{N}=f(\overline{x},\overline{y},\overline{z},\cdots)$$

式中:$\overline{x},\overline{y},\overline{z},\cdots$为直接测量量的算术平均值。将式(18)和(19)中的标准偏差 S_N,用合成不确定度 U_N 代替,得间接测量量的不确定度传递公式

$$U_N=\sqrt{\left(\frac{\partial f}{\partial x}\right)^2U_x^2+\left(\frac{\partial f}{\partial y}\right)^2U_y^2+\left(\frac{\partial f}{\partial z}\right)^2U_z^2+\cdots} \tag{24}$$

$$\frac{U_N}{\overline{N}}=\sqrt{\left(\frac{\partial \ln f}{\partial x}\right)^2U_x^2+\left(\frac{\partial \ln f}{\partial y}\right)^2U_y^2+\left(\frac{\partial \ln f}{\partial z}\right)^2U_z^2+\cdots} \tag{25}$$

间接测量结果的表示与直接测量结果的表示形式相同。

【例题 5】 一个铅质圆柱体,用分度值为 0.02 mm 的游标卡尺分别测其直经和高度各 10 次,数据如表 1-5 所示。

表 1-5

d/mm	20.42	20.34	20.40	20.46	20.44	20.40	20.40	20.42	20.38	20.34
h/mm	41.20	41.22	41.32	41.28	41.12	41.10	41.16	41.12	41.26	41.22

用最大称量为 500 g 的物理天平称其质量为 $m=152.10$ g,求铅柱密度及其不确定度。

解 (1)铅圆柱体的密度 ρ

直径 d 的算术平均值 $\overline{d}=\dfrac{1}{10}\sum\limits_{i=1}^{10}d_i=20.40$ mm

高度 h 的算术平均值 $\overline{h}=\dfrac{1}{10}\sum\limits_{i=1}^{10}h_i=41.20$ mm

铅圆柱体的质量 $m=152.10$ g

铅质圆柱体的密度

$$\rho=\frac{4m}{\pi\overline{d}^2\overline{h}}=\frac{4\times 152.10}{3.1416\times 20.40^2\times 41.20}=1.129\times 10^{-2}\ \text{g/mm}^3$$

(2)直径 d 的不确定度

A 类评定

$$s(\overline{d})=\sqrt{\frac{\sum\limits_{i=1}^{10}(d_i-\overline{d})^2}{n(n-1)}}=\sqrt{\frac{0.0136}{90}}=0.012\ \text{mm}$$

B类评定

游标尺的示值误差为0.02 mm，按近似均匀分布

$$u(d)=\frac{0.02}{\sqrt{3}}=0.012\ \mathrm{mm}$$

d 的合成不确定度

$$U(d)=\sqrt{s(\bar{d})^2+u(d)^2}=\sqrt{0.012^2+0.012^2}=0.017\ \mathrm{mm}$$

(3)高度 h 的不确定度

A类评定

$$s(\bar{h})=\sqrt{\frac{\sum_{i=1}^{10}(h_i-\bar{h})^2}{n(n-1)}}=\sqrt{\frac{0.0496}{90}}=0.023\ \mathrm{mm}$$

B类评定

$$u(h)=\frac{0.02}{\sqrt{3}}=0.012\ \mathrm{mm}$$

h 的合成不确定度

$$U(h)=\sqrt{s(\bar{h})^2+u(h)^2}=\sqrt{0.023^2+0.012^2}=0.026\ \mathrm{mm}$$

(4)质量 m 的不确定度

从所用天平鉴定证书上查得，称量为1/3量程时的扩展不确定度为0.04 g，覆盖因子 $k=3$，按近似高斯分布

$$U(m)=\frac{0.04}{3}=0.013\ \mathrm{g}$$

(5)铅密度的相对不确定度

$$U_r(\rho)=\frac{U(\rho)}{\rho}=\sqrt{\left(\frac{2U(d)}{d}\right)^2+\left(\frac{U(h)}{h}\right)^2+\left(\frac{U(m)}{m}\right)^2}$$

$$=\sqrt{\left(\frac{2\times0.017}{20.40}\right)^2+\left(\frac{0.026}{41.20}\right)^2+\left(\frac{0.013}{152.10}\right)^2}$$

$$=\sqrt{2.8\times10^{-6}+0.4\times10^{-6}}=0.18\%$$

(6)铅密度的测量结果表示为

$$\begin{cases}\rho=(1.129\pm0.002)\times10^{-2}\ \mathrm{g/mm^3}=(1.129\pm0.002)\times10^{4}\ \mathrm{kg/m^3}\\ U_r(\rho)=0.18\%\end{cases}$$

置信概率为 $p=68.3\%$。

1.3 有效数字及其运算

1.3.1 有效数字的概念

据上所述，任何实验的测量结果都有误差存在。那么，当我们记录数据，进行运算以及表示测量结果时，应写几位数字，才能如实反映出测量值的准确度呢？显然这是不能随意决定

的,必须按照有效数字及其运算法则来确定。例如,用分度为 1 cm 的米尺测某一铜棒的长度,从米尺上看出其长度大于 4 cm,大于 4 cm 的部分目测为 0.3 cm,所以棒的长度约为 4.3 cm。“4”是从米尺上的刻度准确读出的,称为可靠数字,末尾一位是估读的,不同的观测者读数会有所不同,称为存疑数字,即有误差的数字,但这些数字是有实际意义的数字,所以把测量结果中所有可靠数字和末尾一位估计的存疑数字的总体称为有效数字。若用分度为 1 mm 的米尺测量该棒的长度,则从米尺上可准确读出 4.2 cm,最末一位由于不同观测者估读的不同,测量的结果可能是 4.24 cm 或 4.25 cm,但都为三位有效数字。

关于有效数字的几点说明

①测量同一物理量时,有效数字位数的多少与所用测量仪器的准确度有关。仪器的准确度高,有效数字的位数就多。例如,测量一块玻璃板的厚度时,用分度为 1 mm 的米尺测量得 4.21 mm,为三位有效数字,用分度为 0.001 mm 的千分尺测量得 4.212 mm,为四位有效数字。可见,有效数字位数的多少与所用测量仪器的准确度的高低有关,同时还与待测量本身的大小有关。在直接用仪器测量读数时,应该在仪器最小刻度后估读一位。总之,有效数字位数的多少是测量实际的客观反映,不能随意增减。

②有效数字中“0”的性质。出现在有效数字前面的“0”不是有效数字,数值中间的“0”与末尾的“0”均为有效数字。例如,某物体的长度为 12.04 cm,为四位有效数字。又如,用最小刻度为 0.1 V 的电压表去测量电压,指针正好指示在 3 V 的刻度上,应记作 3.00 V,为三位有效数字,而不应记作 3 V 或 3.0 V,小数点后面的两个“0”不能随意舍弃,但也不能随意增加,如果记作 3.000 V 也是错误的。

③进行十进制单位变换时,有效数字与小数点的位置无关,如物体的长度为 12.64 cm,可表示为 0.1264 m,也可表示为 0.0001264 km,它们都是四位有效数字,这也表明数字前面的“0”不是有效数字。对于很大或很小的数值,一般采用科学记数法,即用有效数字乘以 10 的幂指数的形式表示,如 1.264×10^{-4} km,1.264×10^{5} μm。用这种形式表示很大或很小的数值时,一般小数点前只取一位数字,而幂指数(如 10^{-4})不是有效数字。

如果用国际单位制的词头来表示测量结果,习惯上不用科学记数法。例如,用 1.2 μs,而不用 1.2×10^{-6} s;用 1.3 kΩ, 而不用 1.3×10^{3} Ω 等。

④由于有效数字的最末位是存疑数字,是有误差的,因此,任何测量结果应截取的有效数字位数是由绝对误差来决定的,有效数字的最末位应与误差所在位对齐(只取一位)。例如,物体的长度写成 $L=(3.45\pm0.02)$ cm 是正确的,而写成 $L=(3.5\pm0.02)$ cm 或 $L=(3.452\pm0.02)$ cm 都是错误的。

⑤常数或数学换算因子如 π、e、1/4、$\sqrt{2}$ 等不是由测量得到的,不算作有效数字。一般取与各测得值位数相同或再多取一位。运算过程的中间结果可适当多保留几位,以免因舍入引进较大的附加误差。

⑥在绝对误差相同的情况下,有效数字位数愈多,相对误差愈小。例如,(2.01 ± 0.01) cm 为三位有效数字,相对误差为 0.5%;(20.01 ± 0.01) cm 为四位有效数字,相对误差为0.05%。因此,进行误差分析时,有时讲相对误差多大,有时又讲几位有效数字,这两种说法是密切相关的。

1.3.2　有效数字的运算规则

间接测量结果一般要通过有效数字的运算才能得到。有效数字四则运算是根据下述原则确定运算结果的有效数字位数的：①可靠数字的运算结果为可靠数字；②可靠数字与存疑数字间的运算结果为存疑数字，但进位均为可靠数字；③运算结果只保留一位存疑数字，其后的数字按照“小于 5 舍，大于 5 入，等于 5 尾数凑偶”的规则处理。例如将下列数据取为四位有效数字，则为

$$4.32749 \rightarrow 4.327 \qquad 3.14159 \rightarrow 3.142$$

$$4.32751 \rightarrow 4.328 \qquad 3.12650 \rightarrow 3.126$$

$$3.12550 \rightarrow 3.126$$

1. 有效数字的加减法

先统一各数值的单位，然后列竖式进行运算。计算时在存疑数字下面划一横线以示区别。例如（请自行列竖式演算）

$$25.\underline{3}+4.2\underline{4}=29.\underline{5} \qquad 71.\underline{4}+0.75\underline{3}=72.\underline{2} \qquad 37.\underline{9}-5.6\underline{2}=32.\underline{3}$$

结论：几个数相加（减），其和（差）的有效数字应写到开始出现存疑（误差）数字的那一位为止，其后的数字按上述规则处理。

2. 有效数字的乘除法

例如 $\quad 39.\underline{3}\times 4.08\underline{4}=16\underline{0} \qquad 10.\underline{1}\div 4.17\underline{8}=2.4\underline{2}$

结论：几个数相乘除，所得结果的有效数字位数与诸数中有效数字位数最少者相同。

3. 有效数字的乘方与开方

某数的乘方（或开方）的有效数字位数，应与其底数的有效数字位数相同。也可按乘除运算法则确定。

例如 $\quad 25.25^2=637.6 \qquad \sqrt{169}=13.0$

4. 函数运算

函数运算结果的有效数字应根据误差计算来确定。在物理实验中，按如下规定来处理：

①三角函数：由仪器的准确度确定，如能读到 $1'$，取四位有效数字。例如

$$\sin 30°00' = 0.5000 \qquad \cos 9°24' = 0.9866$$

②对数函数：首数不计，对数小数部分的数字位数与真数的有效数字位数相同。例如

$$\ln 19.83 = 2.9872 \qquad \lg 1.983 = 0.2973 \qquad \lg 0.1983 = \overline{1}.2973$$

③指数函数：　把 e^x、10^x 的运算结果用科学记数法表示，小数点前保留一位，小数点后面保留的位数与 x 在小数点后的位数相同，包括紧接小数点后的“0”。例如

$$e^{9.24} = 1.03 \times 10^4 \qquad 10^{6.25} = 1.78 \times 10^6 \qquad 10^{0.0035} = 1.0081$$

应注意的是，有效数字位数的多少取决于测量仪器，不决定于运算过程。因此，在选择运算工具时，以所计算出的位数不少于应有的有效数字位数为原则，否则会降低测量结果的精确度。在使用电子计算器的情况下，不要认为算出的结果位数越多就越好，随意扩大测量结果的有效数字位数也是错误的。我们必须实事求是地由测量仪器确定测量结果的有效数字位数。

1.4 数据处理的基本方法

在物理实验中,为了准确地找出物理量之间的内在规律,清晰明了地表达物理实验结果,需对数据进行处理。物理实验处理数据的常用方法有列表法、图示法、逐差法和最小二乘法等。这些方法在今后的实验中都经常用到,希望同学们能认真学习、理解并加以掌握。

1.4.1 列表法

在记录和处理数据时,为了清楚地表示物理量之间的关系,常将数据或数据处理的结果列成表格,这样不仅可以及时发现和分析所测数据是否合理,运算是否正确,而且有助于找出各物理量之间的关系及规律,得出正确的结论。

列表法的要求是:

①必须有表题,注明物理量及其关系。

②根据实验内容合理设计表格的形式,表格栏目排列的顺序应与测量的先后和计算的顺序相对应。

③必须标明各栏目中物理量的名称、单位、量值的数量级,如表 1-6 所示。

表 1-6 伏安法测电阻的数据表格

次数	1	2	3	4	5	6	7	8	9	10
U/V	0.00	1.00	2.00	3.00	4.00	5.00	6.00	7.00	8.00	9.00
I/mA	0	24	48	70	94	118	141	164	187	209

④表中除列出原始数据外,还应注意数据之间的联系,把数据及处理过程中的一些重要中间结果一并列入表中,并正确表示各量的有效数字。

1.4.2 作图法

作图法是用直观、形象的几何图形表示所测物理量之间的相互关系的,是物理实验中处理数据的常用方法,也是培养学生实验技能的一项基本内容。下面以伏安法测电阻为例,介绍作图规则(用表 1-6 的数据)。

1. 作图规则

①选择适当的坐标纸。物理实验最常用的是直角坐标纸。坐标纸大小的选择,是以不损失实验数据的有效数字位数和能包括全部数据为原则。一般图纸上的最小分格与测定数据中可靠数字的最末一位相对应。

②确定坐标轴及其标度。通常以横轴代表自变量,纵轴代表因变量。用粗实线画出两坐标轴,标明坐标轴的方向以及所表示物理量的名称(用符号)和单位。为了使所作图线能比较对称地充满整个图纸,不偏于一边或一角,应适当选取坐标轴的起点和分度值。坐标轴的起点不一定从零开始,坐标轴的分度值应划分恰当,以不用计算就能直接读出图线每一点的坐标为宜,通常用 1、2、5,而不用 3、7、9 来标度,横轴和纵轴的标度可以不同。分度值选好后,在坐标

轴上每隔一定的间距标上整齐的数字。

③标点和连线。用细铅笔以 ⊙、+、× 等符号在坐标纸上准确标出数据点的坐标位置。根据数据点的分布和趋势，用透明直尺、曲线板等作图工具把数据点连成细而光滑的直线或曲线（校正曲线可连成折线）。连线时应尽量使直线（或曲线）两侧数据点的分布与图线的距离大致相同。如在同一张图上要画几条图线，为了区别可用不同的符号标记。

④图名和图注。图画好后，在图纸上部空旷处简洁而工整地写上图名，有时还需在图上标明实验条件，如温度、压强和湿度等，如图 1-2 所示。

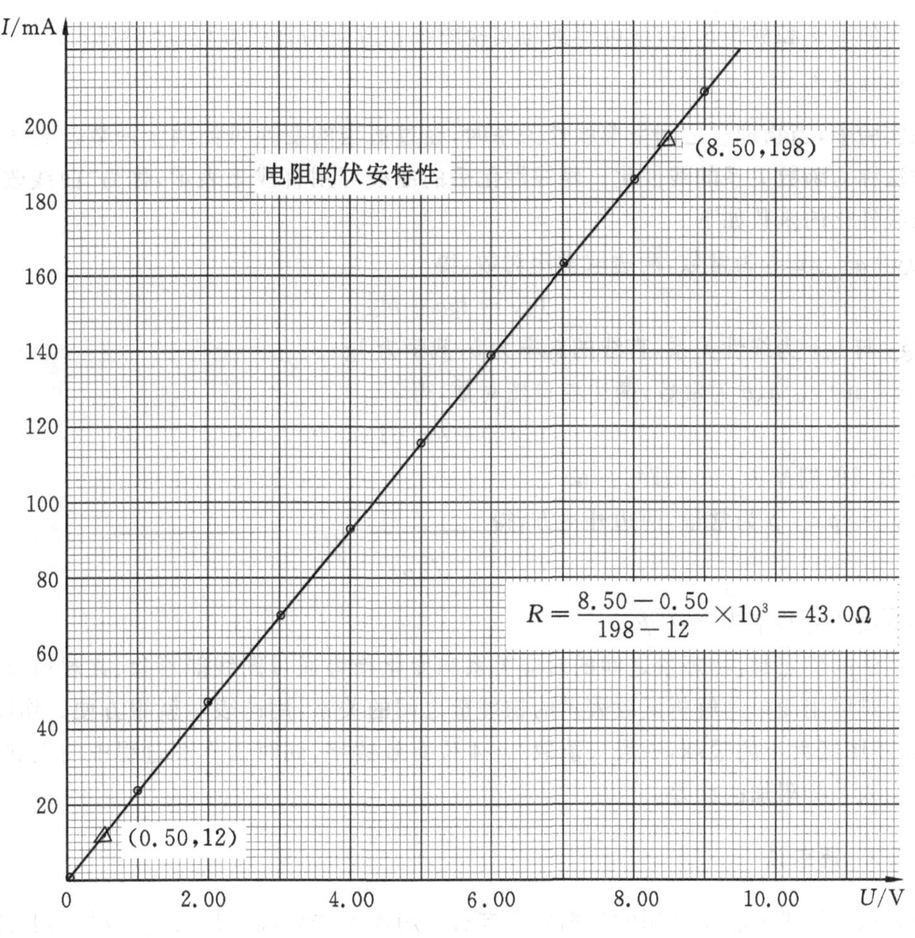

图 1-2　电阻的伏安特性曲线

2. 图示法和图解法

图示法就是用图线表示实验结果的方法。如在电流场模拟静电场的实验中，就是用等势线、电场线来表示实验结果。

图解法是根据实验画出的图线，用解析法求出有关参量或物理量之间的经验公式。如求直线的斜率和截距，建立直线方程。

如果图线是直线（见图 1-2），其方程为

$$y = kx + b \tag{26}$$

求斜率 k 常用两点法。在直线上取两点(两点尽量远,一般不取原始数据点),用不同的符号标明两点位置,旁边注明坐标值(x_1,y_1)、(x_2,y_2),把两点坐标值代入直线方程,得直线斜率为

$$k=\frac{y_2-y_1}{x_2-x_1} \tag{27}$$

如果横坐标起点为零,则截距 b 的值可由图中直接读出。如果横坐标起点不为零,则截距 b 数值也可在图线上再选取一点 $P_3(x_3,y_3)$代入直线方程求得

$$b=y_3-\left(\frac{y_2-y_1}{x_2-x_1}\right)x_3 \tag{28}$$

求出斜率 k 和截距 b 后,就可得到与实验图线相适应的直线方程(经验公式)。

3. 曲线改直

在实验中,当物理量之间呈非线性关系时,经过适当的变换可使两个函数具有线性关系,这种方法称为函数关系的线性化。经线性化后的曲线可用直线来表示,称为"曲线改直"。常见的可线性化的函数如下。

①$y=ax^b$。a、b 为常数,两边取常用对数,得

$$\lg y=\lg a+b\lg x$$

显然,$\lg y$ 与 $\lg x$ 为线性关系,直线的斜率为 b,截距为 $\lg a$。

②$y=a\mathrm{e}^{-bx}$。a、b 为常数,两边取自然对数,得

$$\ln y=-bx+\ln a$$

$\ln y\sim x$ 直线的斜率为$-b$,截距为 $\ln a$

③$y^2=2px$。p 为常量,两边开平方,得

$$y=\sqrt{2px}$$

则 $y\sim\sqrt{x}$图线的斜率为$\pm\sqrt{2p}$。

作图法的优点是:物理量之间的对应关系和变化趋势通过图线能形象、直观地反映出来。尤其是对难以用简单的解析函数表示的物理量之间的关系,用图表示就很方便。作图法的缺点是:由于图纸大小的限制,一般只能取 3~4 位有效数字,同时因作图过程中的主观随意性,必然会引入一些附加的误差。

1.4.3 逐差法

逐差法是物理实验中常用的数据处理方法。用逐差法处理数据时,一般把实验测得的数据从中间分成两组,对应项相减,再求平均值和误差。例如,设有 $x_1,x_2,\cdots,x_8$,共 8 个数据,把它们分成两组,则对应项的差值为

$$\delta_1=x_5-x_1 \qquad \delta_2=x_6-x_2 \quad \delta_3=x_7-x_3 \qquad \delta_4=x_8-x_4$$

平均值
$$\overline{\delta}=\frac{1}{n}\sum_{i=1}^{4}\delta_i=\frac{\delta_1+\delta_2+\delta_3+\delta_4}{n}$$

算术平均绝对误差
$$\overline{\Delta\delta}=\frac{1}{n}\sum_{i=1}^{4}|\delta_i-\overline{\delta}| \tag{29}$$

上式处理的结果是对大量数据求平均,从而减小了误差。

如果按照逐项逐差的方法,再求平均和误差,则有

$$\bar{\delta}=\frac{1}{7}[(x_2-x_1)+(x_3-x_2)+(x_4-x_3)+(x_5-x_4)+(x_6-x_5)(x_7-x_6)+(x_8-x_7)]$$

$$=\frac{1}{7}(x_8-x_1)$$

这里实际上只用了第一个和最后一个数据，中间数据均被正负抵消，不仅浪费了大量的数据，而且还会增大测量结果的误差。所以，使用逐差法处理数据，一般测量偶数次，把数据从中间分成两部分，后半部分与前半部分对应项逐差后再求平均值。逐差法有较严格的适用条件：函数必须是一元函数，且能写或自变量的多项式形式；自变量必须等间距变化。所以使用有一定局限性。

1.4.4 最小二乘法与线性回归

作图法虽可以求出函数间的关系，但在绘制图线时，往往会引入附加误差，尤其是在根据图线确定常数时，这种误差就很明显。这是因为所作的直线不一定最好地符合各实验点。下面介绍一种数学分析的方法，即从实验数据直接求得经验公式的方法——方程回归法(直线拟合)。这里只简要介绍用最小二乘法进行一元线性回归分析。

回归方程系数的确定

设物理量 x、y 具有线性关系，其测量值(等精度测量)为

$$x=x_1,x_2,\cdots,x_n$$

$$y=y_1,y_2,\cdots,y_n$$

一元线性回归方程为

$$y=a_0+a_1x \tag{30}$$

最小二乘法一元线性回归的原理是：若能找到一条最佳的拟合直线，那么各测量值与这条拟合直线上对应点的值之差的平方和，在所有拟合直线中应该是最小的。利用最小二乘法就是要由一组实验数据 $x_i,y_i(i=1,2,\cdots,n)$ 找出一条最佳的拟合直线来，也就是要求出回归方程的系数 a_0 和 a_1 的值。

式(30)表示一条直线，如图1-3所示。假定自变量 x_i 不存在测量误差，只有 y_i 存在测量误差，则实验点不可能全部在该直线上。对于与某个 x_i 相对应的测量值 y_i，与用回归法求得的直线式(30)在 y 方向上的偏差为

$$\varepsilon_i=y_i-y=y_i-(a_0+a_1x_i)\quad(i=1,2,\cdots,n) \tag{31}$$

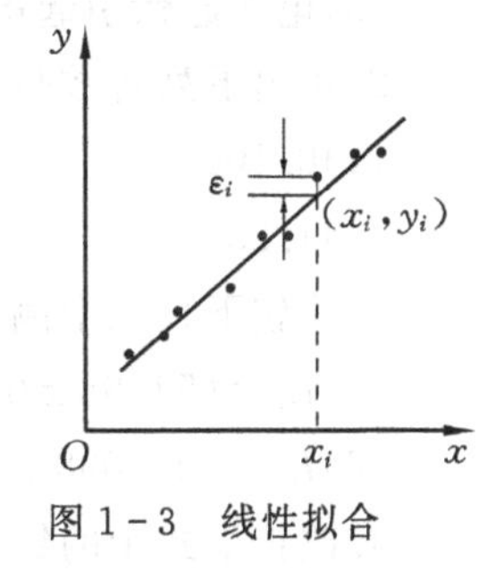

图1-3 线性拟合

ε_i 的正负和大小表示实验点在直线两侧的离散程度。它的值与 a_0、a_1 的取值有关。为了使偏差的正值和负值不发生抵消，且考虑到全部实验值的贡献，根据最小二乘法的原理，应计算 $\sum_{i=1}^{n}\varepsilon_i^2$ 的大小。如果 a_0 和 a_1 的取值使 $\sum_{i=1}^{n}\varepsilon_i^2$ 最小，将 a_0 和 a_1 的值代入式(30)，就得到这组测量数据所拟合的最佳直线。由式(31)得

$$\sum_{i=1}^{n}\varepsilon_i^2=\sum_{i=1}^{n}(y_i-a_0-a_1x_i)^2 \tag{32}$$

为求其最小值，把式(32)分别对 a_0 和 a_1 求一阶偏导数，并令其等于零，即

$$\frac{\partial}{\partial a_0}\left(\sum_{i=1}^{n}\varepsilon_i^2\right)=-2\sum_{i=1}^{n}(y_i-a_0-a_1x_i)=0$$

$$\frac{\partial}{\partial a_1}\left(\sum_{i=1}^{n}\varepsilon_i^2\right)=-2\sum_{i=1}^{n}(y_i-a_0-a_1x_i)x_i=0 \tag{33}$$

整理后写成

$$\begin{cases}\overline{x}a_1+a_0=\overline{y}\\ \overline{x^2}a_1+\overline{x}a_0=\overline{xy}\end{cases} \tag{34}$$

式(34)中

$$\begin{cases}\overline{x}=\dfrac{1}{n}\sum\limits_{i=1}^{n}x_i,\overline{y}=\dfrac{1}{n}\sum\limits_{i=1}^{n}y_i\\ \overline{x^2}=\dfrac{1}{n}\sum\limits_{i=1}^{n}x_i^2,\overline{xy}=\dfrac{1}{n}\sum\limits_{i=1}^{n}x_iy_i\end{cases} \tag{35}$$

式(35)的解为

$$\begin{cases}a_1=\dfrac{\overline{x}\cdot\overline{y}-\overline{xy}}{\overline{x}^2-\overline{x^2}} & (36)\\ a_0=\overline{y}-a_1\overline{x} & (37)\end{cases}$$

将求出的 a_0 和 a_1 代入直线方程,即可得到最佳的经验公式 $y=a_0+a_1x$。

以上介绍的用最小二乘法求经验公式中常数 a_0 和 a_1 的方法,也称为直线拟合法,它是以误差理论为依据的严格可靠的方法,在科学实验中得到了广泛的运用,由于计算量很大,用计算机处理数据较为方便。

练 习 题

1. 下列各种情况引起的误差属于哪一类误差?

(1)千分尺的零点不准　　(2)游标尺的分度不均匀

(3)电流计零点漂移　　(4)天平不等臂

(5)电压起伏引起电压表读数不准　　(6)不良习惯引起的读数误差

2. 指出下列各数是几位有效数字?

(1)0.100　(2)1.0001　(3)9.7983　(4)3×10^{-4}

(5)1.23×10^5　(6)0.00210　(7)2.7×10^{-5}　(8)339.2230

3. 比较下列三个测量结果的误差,哪个大?

(1)$L_1=(54.98\pm0.02)$ cm　(2)$L_2=(0.498\pm0.002)$ cm

(3)$L_3=(0.0098\pm0.0002)$ cm

4. 改正下式中的错误,写出正确答案。

(1)$m=(25.354\pm0.02)$ g　(2)$R=(17.365\pm0.4122)$ Ω

(3)$v=(3.46\times10^{-2}\pm5.07\times10^{-4})$ m/s　(4)$T=(10.451\pm0.2)$ K

5. 按照有效数字运算法则和误差理论改正下列错误。

(1)2000 mm=2 m　(2)$1.25^2=1.5625$

(3)$V=\frac{1}{6}\pi d^3=\frac{1}{6}\pi(6.00)^3=1\times10^2$　(4)$\frac{400\times1500}{12.60-11.6}=600000$

(5)$d=(10.435\pm0.02)$ cm　(6)$L=12$ km±100 m

(7) $T=(85.00\pm0.35)$ s　　(8) $Y=(1.94\times10^{11}\pm5.79\times10^{9})$ N/m^2

6. 按照有效数字运算法则计算下列各式。

(1) $27.346-7.35+0.308=$　　(2) $6.92\times10^{-5}-5.0+1.0\times10^{2}=$

(3) $0.003456\times38000=$　　(4) $91.2\times3.7155\div1.0=$

(5) $\pi\times3.001^2\times3.0=$　　(6) $\left[\dfrac{1.672\times(32.6+7.43)}{5.8382-0.923}\right]^2=$

7. 根据下列数据计算金属圆柱体的密度 ρ、$\Delta\rho$ 和 E_ρ 的值。

直径 $d=(2.510\pm0.005)$ cm　　高度 $h=(4.010\pm0.005)$ cm

质量 $m=(155.95\pm0.05)$ g

8. 用物理天平测量某物体质量 8 次，测得数据为：236.45，236.37，236.51，236.34，236.39，236.48，236.47，236.40(g)。求测量结果的算术平均值、算术平均偏差和标准偏差。

9. 指出下列误差传递公式中的错误，并改正。

(1) $E=\dfrac{4\rho l^3}{\lambda ab^2}$　　$\dfrac{\Delta E}{E}=\dfrac{\Delta\rho}{\rho}+\dfrac{\Delta l}{l^3}-\dfrac{\Delta\lambda}{\lambda}-\dfrac{\Delta a}{a}-\dfrac{\Delta b}{b^2}$

(2) $V=\dfrac{1}{6}\pi d^2$　　$\dfrac{\Delta V}{V}=\dfrac{1}{2}\pi\dfrac{\Delta d}{d}$

(3) $N=k\sin x$　　$\Delta N=\Delta k+\tan x$

(4) $N=x^2-2xy+y^2$　　$\Delta N=2\Delta x+2\Delta x\Delta y+2\Delta y$

(5) $L=b+\dfrac{1}{2}d$　　$S_l=\sqrt{S_b^2+\dfrac{1}{2}S_d^2}$

10. 用伏安法测电阻数据如下表。

U/V	1.00	2.01	3.05	4.00	5 .01	5.01	5.99	6.98	8.00	9.00	9.99
I/mA	2.00	4.00	6.00	8.00	10.00	12.00	14.00	16.00	18.00	20.00	22.00

用直角坐标纸作图，写出 $U-I$ 函数式，并用逐差法求出 $U-I$ 函数式。

第 2 章　力学、热学和声学实验

力学、热学和声学实验是大学物理实验的基础，物理实验基本技能训练的开端。本章主要学习长度、质量、时间、温度等基本物理量的测量原理；学习测量这些物理量仪器的工作原理及操作规程；学习对实验仪器装置的水平、铅直调节及零位校准等基本调整技术；学习比较法、放大法、替代法等基本测量方法。在物理实验中，基本物理量的测量尤为重要，只有认真对待每一个实验、每一项操作，才能逐步地掌握这些基本知识和技能。

本章还应重点学习应用列表法、作图法、逐差法等常用方法处理实验数据。在整个实验过程中，要重视有效数字和误差估算在各实验中的具体运用，掌握基本测量误差和不确定度的估算方法，为今后在科学实验中处理实验数据、进行误差分析打好基础。

实验 1　物质密度的测定

物质的密度是表征物质成分或组织特性的重要物理量，其值与物质的疏密程度、纯度和温度有关，医学上常用它来进行固体样品成分的分析和液体浓度的测定，本实验介绍几种固体和液体密度的测量原理和方法。通过对物质密度的测量，掌握长度、质量这些基本物理量的测量方法。

一、实验目的

①掌握游标卡尺、螺旋测微计和物理天平的使用方法；

②学会用流体静力称衡法、比重瓶法测定固体和液体的密度；

③学习处理测量数据的基本方法。

二、实验仪器及用具

游标卡尺（精度 0.02 mm、量程 15 cm），螺旋测微计（精度 0.01 mm、量程 25 mm），物理天平（感量 0.05 g、称量 500 g），比重瓶（50 ml），温度计，玻璃烧杯和待测物体（铜圆柱体、铅合金圆柱体、细铜丝、小玻璃球、酒精等）。

三、实验原理

物质的密度是指单位体积中所含物质的量，设物体的质量为 m，体积为 V，则其密度

$$\rho = \frac{m}{V} \tag{1}$$

只要测出物体的体积和质量就可以求得密度 ρ。

1. 形状规则固体密度的测定

如直径为 d、高为 h 的圆柱体，其体积为

$$V = \frac{1}{4}\pi d^2 h \tag{2}$$

将公式(2)代入公式(1)，则其密度为

$$\rho = \frac{4m}{\pi d^2 h} \tag{3}$$

2. 用流体静力称衡法测定固体和液体的密度

若不计空气的浮力，在空气中称得物体的质量为 m_0，浸没在液体中称得其(视在)质量为 m_1，则物体在液体中所受的浮力为

$$F = (m_0 - m_1)g \tag{4}$$

根据阿基米德原理，物体在液体中所受浮力等于它所排开液体的重量，即

$$F = \rho_0 V g \tag{5}$$

式中：ρ_0 是实验条件下液体的密度；V 是物体浸入液体中排开液体的体积，亦即物体的体积；g 是重力加速度。由公式(1)、(4)、(5)得

$$\rho = \frac{m_0}{m_0 - m_1}\rho_0 \tag{6}$$

如果待测物体的密度小于液体的密度，则可采用如下方法：将物体拴上一重物，使重物浸于液体中，物体在空气中(如图 2-1(a)所示)称得质量为 m_2，再将物体连同重物全部浸入液体中(如图 2-1(b)所示)称得质量为 m_3，则物体在液体中所受浮力为

$$F = (m_2 - m_3)g \tag{7}$$

密度为

$$\rho = \frac{m_0}{m_2 - m_3}\rho_0 \tag{8}$$

注：只有当浸入液体中物体性质不会发生变化时，才能用流体静力称衡法测定其密度。

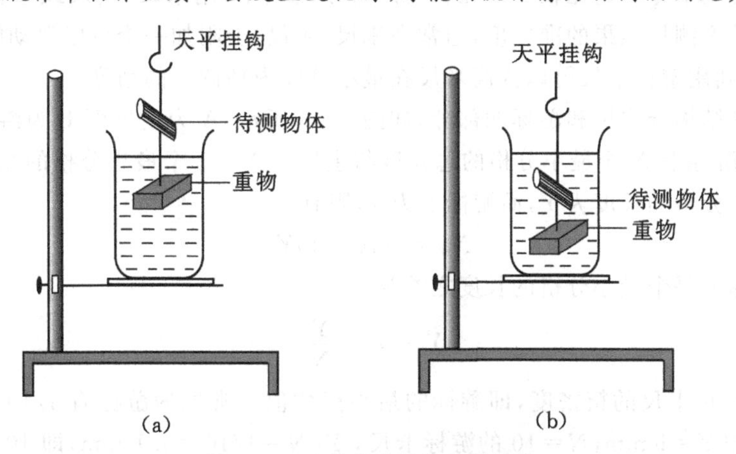

图 2-1 流体静力称衡法测密度

流体静力称衡法也可用于测定液体的密度。任选一质量为 m 的物体，先将其全部浸入已知密度为 ρ_0 的液体中，称得质量为 m_1，再将其全部浸入待测液体中，称得其质量为 m_4，可得待测液体的密度为

$$\rho = \frac{m - m_4}{m - m_1}\rho_0 \tag{9}$$

3. 比重瓶法测定不规则固体和液体的密度

比重瓶是一种容积固定的玻璃容器,其瓶塞中间有一根毛细管,形状如图 2-2 所示。使用时,将液体注满至瓶口,用塞子塞紧,多余的液体通过毛细管流出。设比重瓶质量为 M,比重瓶盛满水时质量为 M_0,若将质量为 m 的玻璃小球放进盛水的比重瓶内,有一部分水流出后,比重瓶的总质量为 M_1,则小玻璃球排开水的质量,也就是小玻璃球的质量为(M_0+m-M_1),因此,小玻璃球的密度为

图 2-2 比重瓶

$$\rho = \frac{m}{M_0 + m - M_1}\rho_0 \tag{10}$$

利用比重瓶,也可测量液体的密度。设空比重瓶质量为 M,比重瓶盛满水时的质量为 M_0,比重瓶盛满待测液体时的质量为 M_2,则待测液体的质量为 M_2-M,体积为$\frac{M_0-M}{\rho_0}$,则待测液体的密度为

$$\rho = \frac{M_2 - M}{M_0 - M}\rho_0 \tag{11}$$

式中 ρ_0 为水的密度。

四、仪器介绍

1. 游标原理

长度是最基本的物理量之一。长度测量的原理、方法和技术在其他物理量的测量中具有普遍的意义。例如,温度、压力、电流、电压等其它物理量的测量(示值)最终都可转化成长度(刻度)而进行读数。

长度测量的基本方法是比较法。在长度的直接测量中,用米尺(钢尺或塑料尺)是最简单的。为了提高长度测量结果的准确度,通常在米尺(主尺)上附加一个可以滑动的副尺(游标),构成游标卡尺,利用游标卡尺可以提高米尺在最小分度内估读位的精度。

游标卡尺的结构分主尺和游标两部分,如图 2-3 所示,A 为主尺而 B 为游标。游标卡尺的结构特点是:游标上 N 个最小分格的总长度与主尺上 $N-1$ 个最小分格的总长度相等。设主尺上一个最小分格的长度为 Y,而游标上为 x,则有

$$Nx = (N-1)Y$$

主尺与游标上每个最小分格的长度之差为

$$Y - x = \frac{Y}{N}$$

Y/N 称为游标卡尺的精密度,即游标的最小读数值。常见的游标有 1/10 mm、1/20 mm 和 1/50 mm。如 $Y=1$ mm,$N=10$ 的游标卡尺,$Y/N=1/10=0.1$ mm,即 10 分度的游标卡尺,其精度为 0.1 mm;而 20 分度的游标卡尺,其精度为 0.05 mm;50 分度的游标卡尺,精度为 0.02 mm。

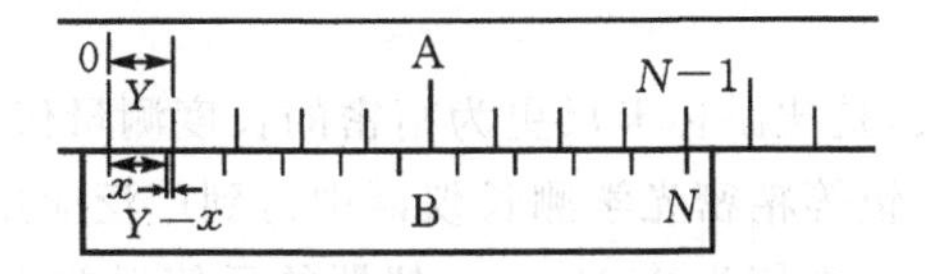

图 2-3　游标测量示意图

游标卡尺不分准确度等级。一般测量范围在 300 mm 以下的取其分度值为仪器的示值误差，即本书中的 $\Delta_{仪}$。

游标原理也常用于角度的精确测量，如分光计上的弯游标。由于角度值与分值是六十进位制，所以将弯游标制成半度值的 1/30，即将半度的弧长作为格数进行细分，1/30 的弯游标其测角精度就是 $1'$。

2. 游标卡尺

游标卡尺的构造如图 2-4 所示。主尺 A 是最小分格为毫米的米尺，左端附有钳口 C 和刀口 D，游标 B 上附有钳口 C'和刀口 D'，尾尺 E 可沿主尺滑动。螺旋 F 可将夹套 G 固定在主尺上。当卡口 CC'紧密接触时，刀口 DD'对齐，尾尺 E 与主尺尾部对齐，主尺上的“0”线与游标上的“0”线相重合。钳口 CC'可测物体的长度和外径；刀口 DD'可测物体的内径；尾尺 E 可用于测量物体的孔或槽的深度。

利用游标卡尺测量长度时，将待测物体放在游标卡尺的卡口之间，用大拇指推移游标使物体与卡口紧密接触，此时主尺的“0”线与游标的“0”线之间的长度就是待测物体的长度。若游标的“0”线在主尺上的位置与主尺“0”线之间的距离为主尺最小分格的 n 倍，则物体长度毫米以上的整数值为 nY，毫米以下的数值从游标上读出，若游标的第 k 条分格线与主尺上的某一条分格线对齐，游标读数为

$$kY - kx = k(Y - x) = k \cdot \frac{Y}{N}$$

则待测物体的长度为

$$L = nY + k\frac{Y}{N} \tag{12}$$

此式即为游标卡尺测量长度的原理公式。

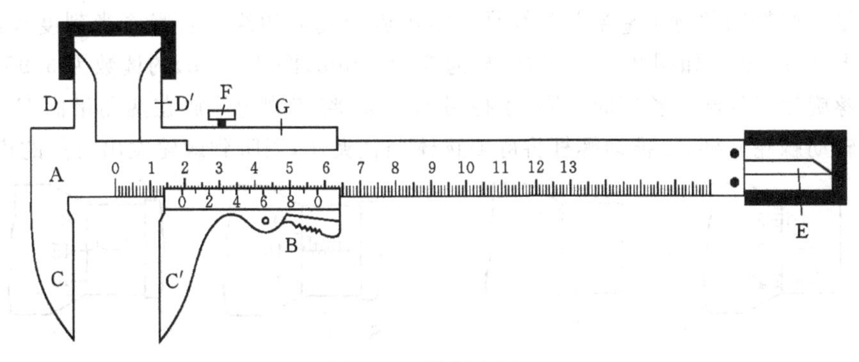

图 2-4　游标卡尺

3. 螺旋测微计

螺旋测微计又称千分尺，是比游标卡尺更为精密的长度测量仪器，其螺旋测微原理在测微目镜、读数显微镜、移测显微镜等精密光学测长仪器中得到广泛应用。常见的螺旋测微计如图 2-5 所示，其量程为 25 cm，分度值为 0.01 mm，仪器的示值误差为±0.004 mm。

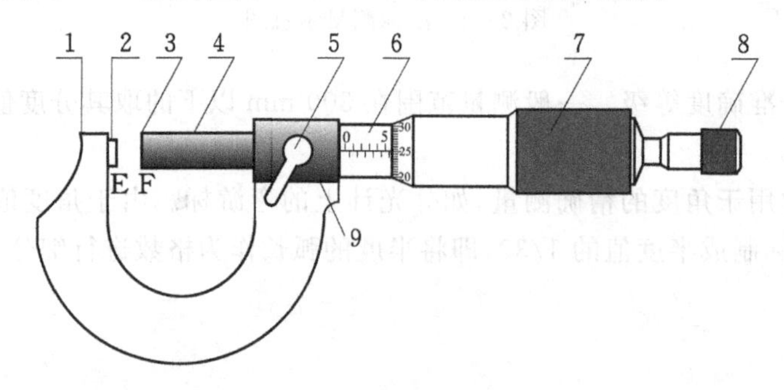

图 2-5 螺旋测微计

1—尺架；2—测量面；3—螺杆测量面；4—测微螺杆；5—锁紧手柄；

6—固定套管；7—微分套筒；8—棘轮装置；9—螺母套管

(1)结构原理

螺旋测微计的主要部分是一个精密测微螺杆和套在螺杆上的螺母套管以及紧固在螺杆上的微分套筒。螺母套管上的主尺有两排刻度线，毫米刻度线和半毫米刻度线。微分套筒圆周上有 50 个等分格，每转一周，测微螺杆沿轴向前进或后退一个螺距(0.5 mm)，所以螺旋测微计的分度值为 0.5 mm/50，即 0.01 mm。换言之，当微分套筒上的刻度转过一个分格时，螺杆沿轴向移动 0.01 mm。

(2)读数方法

①测量前应先校准零点，记下零位读数以便对测量值进行零点修正。顺刻度序列的读数记为正值，反之为负值。如图 2-6(a)的零点读数为+0.004 mm；图 2-6(b)的零点读数为-0.015 mm。物体的实际长度等于测量时的读数值减去零点读数。

②读数时先由主尺上读出整刻度值，0.5 mm 以下由微分套筒上读出分格值，并估读到 0.001 mm。

③测量时要特别留意半毫米刻度线是否露出微分套筒边缘。若半毫米刻度线已露出，读数就应加上 0.5 mm。如图 2-7(a)的读数为 6.453 mm；图 2-7(b)的读数为 6.953 mm。

使用螺旋测微计测量长度时，须左手握弓形尺架，将待测物体放在两测量面 E 和 F 之间，右手缓慢转动棘轮旋柄，以推动螺杆将待测物体轻轻夹住，当听到棘轮发出“得”的声响即可。

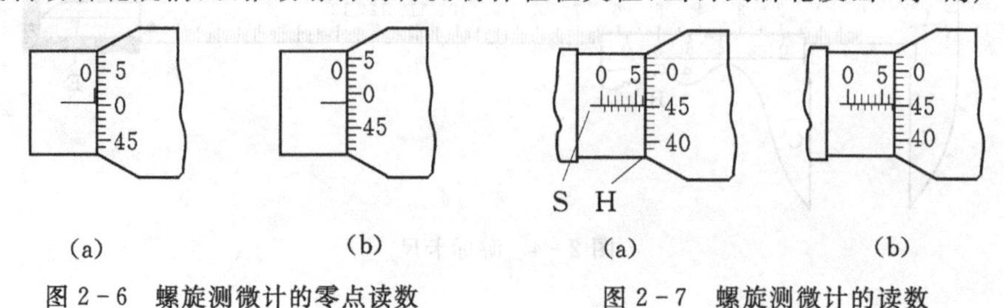

图 2-6 螺旋测微计的零点读数

图 2-7 螺旋测微计的读数

电子数显卡尺及千分尺的使用方法：

①打开电源，按测量单位键(in / mm)，选择所需单位制。

②移动尺框，使两测量面手感接触，按置零键置零后，即可进行正常测量。

③使用完毕后应及时关闭电源。

4. 物理天平

物理天平的构造如图2-8所示。天平主要是由横梁、支柱及底座等构成。横梁上有三个刀口，中间的刀口向下置于立柱上，作为梁的支点，两端刀口向上，分别悬挂称盘。横梁下附有一固定指针，用来指示横梁是否水平。升降旋钮可以使横梁上升或下降。横梁左旋下降时，制动销将它托住，以免磨损刀口。横梁两端的两个平衡螺母用于天平空载时调平。横梁上装有游码，移动一格相当于向右盘加入0.05 g的砝码。

物理天平的调整与使用方法：

①调底座水平。调节天平底脚螺钉，使底座上水平仪中的气泡处于正中即可。

②调横梁水平。将游码移至横梁左端“0”线上，将两个空的称盘分别悬挂在两侧刀口上，右旋止动旋钮使横梁升起，观察指针是否在标尺的零点附近对称摆动；如摆幅不对称，则调节平衡螺母，直到指针对称、等幅地摆动为止，然后放下横梁。

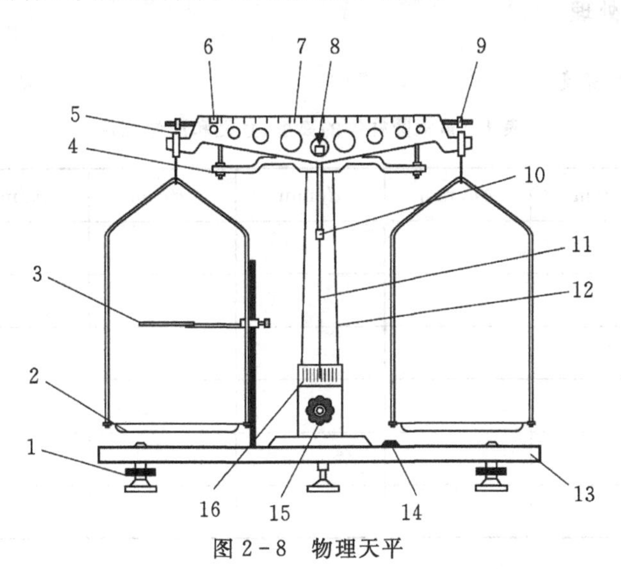

图2-8 物理天平

1—水平螺丝；2—称盘；3—托盘；4—支架；5—挂钩；6—游码；7—游码标尺；
8—刀口、刀垫；9—平衡螺母；10—感量调节器；11—读数指示；12—立柱；
13—底座；14—水准器；15—升降旋钮；16—指针标尺

③称量。将待测物体放在左盘，在右盘里放上砝码。如放了一定砝码后，移动游码能使指针静止指在平衡位置，或在平衡位置附近对称、等幅地摆动，此时，游码和砝码所示质量之和就是待测物体的质量。

五、实验内容与步骤

1. 测量黄铜的密度

①用游标卡尺测出铜圆柱体的高 h 和直径 d，每个量取不同部位测五次。

②用物理天平称量铜圆柱体的质量 m,测五次。

2. 用螺旋测微计测量细铜丝的直径

取不同部位,测量五次,求平均值。

3. 测量铅合金体的密度

①用物理天平称出铅合金体在空气中的质量 m_0,称一次。

②将铅合金体用丝线吊在天平左端的挂钩上,全部浸入水中,称其在水中的质量 m_1。

③用温度计测出水温,从附表中查出该温度下水的密度 ρ_0。

4. 测量小玻璃球的密度

①用天平称出 5 g 左右玻璃小球的质量 m。

②用天平分别称出空比重瓶质量 M 和装满水后的总质量 M_0。

③将称出的玻璃小球都投入比重瓶中,称出水、玻璃小球及比重瓶的总质量 M_1。

5. 测量酒精的密度

倒出比重瓶内的水,装满酒精,称其质量 M_2。

六、数据记录与处理

1. 黄铜圆柱体的密度

表 1 黄铜圆柱体的高度、直径和质量测定

次数	h/mm	Δh/mm	d/mm	Δd/mm	m/mm	Δm/mm
1						
2						
3						
4						
5						
平均值						

(1)用算术合成法计算黄铜圆柱体的密度及测量误差。

$\bar{\rho}=$ ______________; $E_\rho=\dfrac{\Delta m}{m}+\dfrac{\Delta h}{\bar{h}}+\dfrac{\Delta d}{\bar{d}}=$ __________;

$\Delta\rho=E_\rho\cdot\bar{\rho}=$ __________; $\rho=\bar{\rho}\pm\Delta\rho=$ ______________。

(2)计算密度 $\bar{\rho}$,求出 ρ 的测量不确定度 $U(\rho)$,将结果表示成如下形式。

$$\rho=\bar{\rho}\pm U(\rho);\qquad U_r=(U(\rho)/\bar{\rho})\times 100\%$$

2. 用螺旋测微计测细铜丝的直径

表 2　铜丝直径的测定

次数	1	2	3	4	5	平均值
d/mm						
Δd/mm						

求平均值和绝对误差，并写出直径的标准表达式。

$$d=\overline{d}\pm\Delta d=\_\_\_\_\_\_\_\_\_\_\ (\text{mm})$$

3. 用流体静力称衡法测铅合金体的密度、用比重瓶测量玻璃小球和液体的密度

表 3　物体质量的测定

<table>
<tr><td rowspan="2">物体
测得值</td><td rowspan="2">玻璃小球
m</td><td rowspan="2">空瓶
M</td><td rowspan="2">瓶＋水
M_0</td><td rowspan="2">瓶＋水＋球
M_1</td><td rowspan="2">酒精
M_2</td><td colspan="2">铅合金</td></tr>
<tr><td>空气中 m_0</td><td>水中 m_1</td></tr>
<tr><td>质量/kg</td><td></td><td></td><td></td><td></td><td></td><td></td><td></td></tr>
<tr><td>密度/(kg/m^3)</td><td colspan="4"></td><td></td><td colspan="2"></td></tr>
</table>

将测得的数据代入式(6)、(10)、(11)，分别计算出铅合金体、玻璃小球和酒精的密度。

七、注意事项

①用数显游标卡尺或螺旋测微计测量后应及时关闭电源。

②使用螺旋测微计测量时，被测物体不要夹得过紧，以免影响测量结果和损坏仪器；测量结束后，应使螺旋杆与测砧的测量面之间留出一定的间隙，以免因热膨胀而损坏螺纹。

③用物理天平测量的过程中，除了观察平衡的瞬时外，必须转动止动旋钮使横梁放下，切忌在升起横梁时取放物体或增减砝码及移动游码。测量完毕，应将被测物体和砝码取下，并将横梁及两侧刀口上的称盘框置于刀口内侧横梁上，以保护三个刀口，以免损坏而影响天平的准确度；取放砝码必须使用镊子，不能直接用手拿取。

④比重瓶内装液体时，不要留有气泡，并注意擦干瓶外面、瓶口和塞子间隙。

八、思考题

①游标卡尺的估读误差不大于其精度的一半，为什么？

②20 分度和 50 分度的游标卡尺，它们的读数都记录到毫米的百分位。对于同一个物体，测得的有效数字位数相同，是否表示这两种游标卡尺测量的误差也相同？为什么？

③写出用流体静力称衡法测定液体密度的基本原理和实验方法，推导测量公式。

④在测量密度时往往利用某种已知密度的液体(通常用蒸馏水)作为标准来与待测液体进行比较，采用这种方法有什么好处？

附表　20℃时常见物质的密度

物质	密度 $\rho/(\times10^3 kg/m^3)$	物质	密度 $\rho/(\times10^3 kg/m^3)$	物质	密度 $\rho/(\times10^3 kg/m^3)$
黄铜	8.500～8.700	铝	2.6989	煤油	0.800
青铜	8.780	石蜡	0.870～0.940	丙酮	0.791
康铜	8.880	橡胶	0.910～0.960	松节油	0.855～0.870
铜	8.960	有机玻璃	1.200～1.500	钟表油	0.981
不锈钢	7.910	普通玻璃	2.400～2.700	蓖麻油	0.957
钢	7.600～7.900	冕牌玻璃	2.200～2.600	甘油	1.261
硬铝	2.790	火石玻璃	2.800～4.500	水银	13.546
铂	21.450	石英玻璃	2.900～3.000	牛乳	1.030～1.040
金	19.320	石英	2.500～2.800	蜂蜜	1.435
银	10.492	食盐	2.140	空气	1.205
钨	19.300	汽油	0.710～0.720	氢	0.0899
镍	8.850	乙醚	0.714	氦	0.1785
铁	7.874	无水乙醇	0.789	氮	1.2505
锌	7.140	水	1.000	氧	1.4290
铅	11.342	甲醇	0.791	氩	1.7837

实验2 细小长度的测量

光学显微镜是1590年由荷兰的杨森父子发明的。显微镜的发明，使人类看到了许多以前从未看到的如细菌、病毒等生物体的微小结构，不仅加深了人们对微观世界的了解和认识，也对生物学、医药学的发展起着十分重要的作用，同时它在工农业等其它领域中也有广泛的应用。显微镜是生物医学教学和科研的重要仪器之一，也是了解其他更先进的显微镜的基础。

一、实验目的

①掌握读数显微镜的测量原理和方法。

②掌握光学显微镜测量物体长度的原理和方法。

二、实验仪器及用具

读数显微镜(精度 0.01 mm)、光学显微镜、物镜测微尺(精度 0.01 mm)、日光灯、待测物体(毛细管、头发、血细胞标本等)。

三、实验原理

1. 读数显微镜测长原理

读数显微镜是在普通显微镜的目镜中装上十字叉丝，将镜筒固定在一个可以左右或上下移动的拖板上构成的。拖板移动的距离由主尺和螺旋测微尺读出。

2. 光学显微镜测长原理

光学显微镜的目镜内装有目镜测微尺(直径约 2 mm 的圆盘形玻璃片)，目镜测微尺上有刻度尺，目镜测微尺可以测量出微小物体的长度。测量前，先标定目镜测微尺，方法为：将物镜测微尺置于载物台上(物镜测微尺是一中央有精密刻度尺的载玻片，测微尺长 1 mm，有 100 个分格，每个格长度为 0.01 mm)，调整物镜测微尺，使其像与目镜测微尺平行并互相靠近，如图 2-9 所示。设在显微镜内读出目镜测微尺上 n_1 与物镜测微尺的 n_2 个分格相重合。若物镜

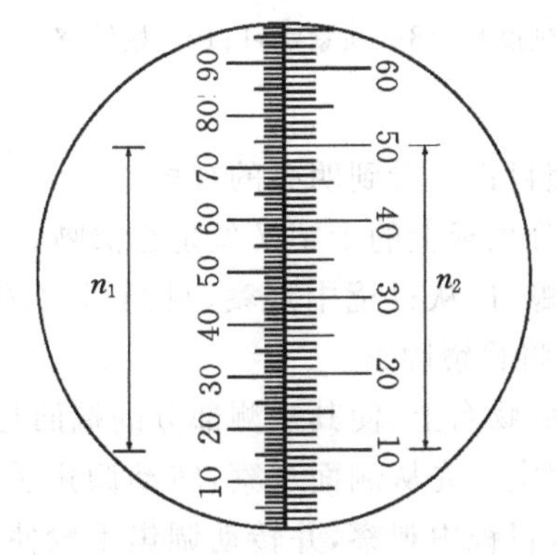

图 2-9 目镜测微尺的标定

测微尺每个分格的长度为 d,而目镜测微尺每个分格的长度为 P,则有 $n_1P = n_2d$,目镜测微尺上每个分格的长度为

$$P = \frac{n_2}{n_1} \cdot d \tag{1}$$

测量时,物体的实像在目镜测微尺上的长度为 n 个分格,则物长为

$$L = nP \tag{2}$$

四、仪器介绍

1. 读数显微镜

图 2-10 为读数显微镜的侧视图。目镜 2 可用锁紧螺钉 3 固定于某一位置。棱镜室 19 可在 0 ～ 360°范围内旋转。物镜 15 用丝扣拧入镜筒内。镜筒 16 用调焦手轮 4 完成调焦。转动测微鼓轮 6,显微镜沿燕尾导轨作纵向移动,利用锁紧手轮 7,将方轴 9 固定于接头轴十字孔中。接头轴 8 可在底座 11 中旋转、升降,用锁紧手轮 10 紧固。根据使用要求,方轴可插入接头轴另一十字孔中,使镜筒水平放置。压片 13 用来固定被测件。用旋转反光镜手轮 12 调反光镜的方位。14 是做牛顿环实验的半反光镜附件。

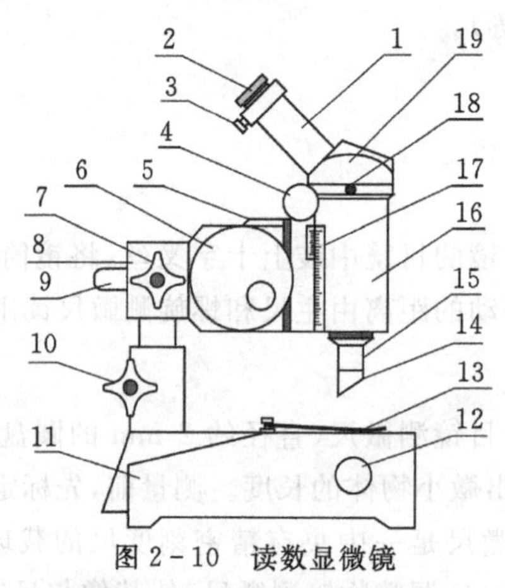

图 2-10 读数显微镜

1—目镜接筒;2—目镜;3—锁紧螺钉;4—调焦手轮;5—标尺;6—测微鼓轮;7—锁紧手轮;8—接头轴;9—方轴;10—锁紧手轮;11—底座;12—反光镜手轮;13—压片;14—半反镜;15—物镜;16—镜筒;17—刻度尺;18—锁紧螺钉;19—棱镜室

使用方法:

①调整反光镜的方位角,使目镜中看到明亮的视场。

②调叉丝。从目镜中观察分划板上的十字叉丝是否清晰。如不清晰,轻微转动目镜,使叉丝最清晰。松开目镜筒的止动螺钉,从目镜中观察,目测粗调叉丝的方位,使叉丝 X 线、Y 线分别与 X 轴、Y 轴平行,然后再将目镜固紧。

③调焦。将被测物体放在载物台上,使其被测部分的端面与显微镜移动方向平行,并位于显微镜物镜的正下方,用压片固定。先从侧面观察,转动调焦手轮使显微镜下移接近被测物,但不能触及(为什么?)。然后从目镜中观察,并转动调焦手轮使显微镜缓慢上移,直至看到被测物体的清晰图像为止。

④测量。转动测微鼓轮,使十字分划板的叉丝交点对准待测物体的一个端面,读出此值

(标尺5上的整数加上测微鼓轮上的小数)A;沿同方向转动测微鼓轮,使十字分划板的叉丝交点对准待测物体的另一个端面,读出此值B,待测物体的长度为

$$L = A - B \tag{3}$$

改变位置,可连续测量多次,求平均值。

2. 光学显微镜

光学显微镜主要部件装在镜座上,物镜和目镜装在镜筒内,可通过两个螺旋(粗调节器和细调节器)使之上下移动。将标本放在载物台上,适当调节反光镜,使光源发出的光照亮标本。

五、实验内容与步骤

(1)读数显微镜测量毛细管的内径。取不同部位,测量五次,求平均值。

(2)用光学显微镜测量头发的直径。

①使用×4的物镜,利用给定的物镜测微尺,按实验原理中所述的方法对目镜测微尺(已安装在目镜镜筒内的光阑上,请勿乱动!)进行标定。为了提高准确度,用物镜测微尺上的刻度相比较进行标定。用不同长度段标定三次,求平均值。

②改用×10的物镜,标定物镜测微尺,方法同①中所述。

③取下物镜测微尺,用镜头纸包好,放入盒内。将待测头发置于载物台上,测量头发的像相对于目镜测微尺的分格数n,由公式(2)求出头发的直径。取不同部位,测量五次,求平均值。

(3)测量生物切片上细胞的大小。

实验完毕,整理好仪器。

六、数据记录与处理

1. 读数显微镜测量毛细管的内径d

表1 毛细管内径的测量

次 数	初读数 A /mm	末读数 B /mm	毛细管内径 $d=\|A-B\|$/mm	Δd/mm
1				
2				
3				
4				
5				
平 均 值				

$$d = \overline{d} \pm \Delta d = \underline{\qquad\qquad} \text{(mm)}$$

2. 用光学显微镜测量头发的直径

(1)标定目镜测微尺。

表 2　目镜测微尺的标定

目镜	物镜	项目 次数	n_1	n_2	P/mm	$\overline{P}$/mm
×10	×4	1				
		2				
		3				
×10	×10	1				
		2				
		3				

(2)测头发直径。

表 3　头发直径的测量

P	项目 次数	n	d/mm	Δd/mm
×4	1			
	2			
	3			
×10	1			
	2			
	3			
平　均　值				

$$d = \overline{d} \pm \Delta d = \underline{\qquad\qquad} \text{(mm)}$$

七、注意事项

①读数显微镜和光学显微镜都是较为精密的光学仪器，使用前应仔细阅读实验 20 后面的附录《光学仪器使用与维护基本知识》。

②使用读数显微镜应注意：

A. 调焦时，眼睛注视目镜，只准许镜筒移离待测物体，而不能使镜筒移近待测物体，以免碰坏显微镜物镜；

B. 在每次测量中，测微鼓轮只能朝着一个方向转动，即在两次读数之间不得改变载物台的移动方向，以减小螺距差对测量的影响。

③使用光学显微镜应注意：

光学显微镜常用的是惠更斯目镜，经由目镜出来的光束在尚未会聚之前，向场透镜使之略为朝光轴偏转并会聚在距物镜较近的位置上(像距变小)，实像较按物镜放大率所计算的为小。因此，目镜测微尺每格长度不能简单地由物镜放大率来推算，需按上述方法实际地测定。

④显微镜的物镜和目镜如有灰尘，不能用普通纸片、手帕或抹布擦拭，须用洁净的软毛笔

清除，污痕只能用镜头纸轻拭。

八、思考题

①如果叉丝的 X 线（或 Y 线）与载物台 X 轴（或 Y 轴）不是严格地平行，测量结果将会偏大还是偏小？

②使用读数显微镜或光学显微镜测量前，若从目镜中看到的十字叉丝和图像不清晰，应作哪些调整？

③使用读数显微镜测量毛细管内径，毛细管如何放置使测得值较准确？

实验3 扭摆法测定刚体的转动惯量

转动惯量是刚体转动惯性大小的量度。它与刚体的质量、质量的分布及转轴的位置有关。对于形状简单的匀质物体,可用数学方法直接计算出其绕固定轴的转动惯量。如果刚体是由几部分组成的,那么刚体总的转动惯量等于各个部分对同一转轴的转动惯量之和。对于形状比较复杂或非匀质的刚体,一般要通过实验来测定。测量特定物体的转动惯量在生物力学研究中具有重要意义。刚体的转动惯量可以用扭摆、三线摆、转动惯量仪等仪器进行测量。本实验采用扭摆法。

一、实验目的

①熟练掌握钢直尺、游标卡尺、电子天平的使用;

②熟悉扭摆的构造及使用方法,测定扭摆的仪器常数(弹簧的扭转系数)K;

③用扭摆测量几种不同形状刚体的转动惯量,并与理论值进行比较;

④验证转动惯量的平行轴定理。

二、实验仪器及用具

扭摆装置及其附件(塑料圆柱体,金属空心圆筒,实心球体,金属细长杆等),数字式计时仪(0.001 s),电子天平 DT1000(0.01 g),钢直尺(1 m /0.1 mm),数显游标卡尺(125 mm/0.02 mm)。

三、实验原理

扭摆的结构如图 2-11 所示,在其垂直轴 1 上装有一个薄片状的螺旋弹簧 2,用以产生恢复力矩。在轴 1 上可以安装各种待测物体。垂直轴与支架间装有轴承,以减小摩擦力矩。将待测物体安装在轴 1 上,让其在水平面内转过一角度 θ 后释放,在弹簧的恢复力矩作用下,物体就开始绕垂直轴做往返扭转运动。根据胡克定律,弹簧受扭转而产生的恢复力矩与所转过的角度 θ 成正比,即

$$M = -K\theta \tag{1}$$

式中:K 为弹簧的扭转系数。根据转动定律

$$M = I\beta$$

式中:I 为物体绕转轴的转动惯量;β 为角加速度,有

$$\beta = \frac{M}{I} \tag{2}$$

令 $\omega^2 = K/I$,且忽略轴承的摩擦阻力矩,由式(1)、式(2)可得

$$\beta = \frac{d^2\theta}{dt^2} = -\frac{K}{I}\theta = -\omega^2\theta$$

此方程表示扭摆运动具有角简谐振动的特性:角加速度 β 与角位移 θ 成正比,且方向相反。此微分方程的解为

$$\theta = A\cos(\omega t + \varphi)$$

式中：A 为谐振动的角振幅；ω 为角速度；φ 为初相位。此谐振动的摆动周期为

$$T = \frac{2\pi}{\omega} = 2\pi\sqrt{\frac{I}{K}} \tag{3}$$

由式(3)可知，在测得了物体的摆动周期 T 后，在 K 和 I 中若已知任何一个量时，即可计算出另外一个量的值。在本实验中，是将待测物体放在载物盘上测量其转动惯量的，则由式(3)得

$$\frac{T_0}{T_1} = \frac{\sqrt{I_0}}{\sqrt{I_0 + I'_1}}$$

或

$$\frac{I_0}{I'_1} = \frac{T_0^2}{T_1^2 - T_0^2}$$

式中：I_0 为金属载物盘绕转轴的转动惯量；T_0 为其摆动周期；待测物体的转动惯量为 I'_1，它与载物盘一起转动时的周期为 T_1，其单独绕轴转动时的周期为 $\sqrt{T_1^2 - T_0^2}$（为什么?）。因此，弹簧的扭转系数

$$K = 4\pi^2 \frac{I'_1}{T_1^2 - T_0^2} \tag{4}$$

实验中用一个几何形状规则、质量为 m_1、直径为 D_1 的匀质塑料圆柱体，由理论公式直接算得其转动惯量为

$$I'_1 = \frac{1}{8} m_1 D_1^2$$

将其值代入式(4)，便可求出扭摆的弹簧扭转常数 K 值。

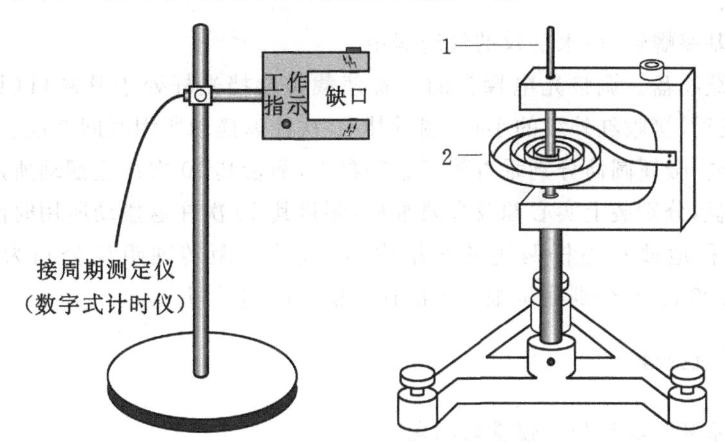

图 2-11　扭摆的结构及光电探头

若要测定其它形状物体的转动惯量，只需将待测物体固定在扭摆装置的垂直轴上，测定其摆动周期，利用已知的 K 值，带入式(3)即可计算出该物体绕转轴的转动惯量 I，即 $I = \frac{K}{4\pi^2}T^2$。

根据刚体力学理论，若质量为 m 的物体绕通过质心轴的转动惯量为 I_0，则其绕距其质心轴平移距离为 x 的轴转动时，转动惯量为

$$I = I_0 + mx^2 \tag{5}$$

这个定理称为转动惯量的平行轴定理。

四、仪器介绍

1.数字式计时仪

数字式计时仪由主机和光电探头两部分组成。光电探头用来检测挡光杆是否挡光，并根据挡光次数自动判断是否达到所设定的周期数。周期数可以设定为5个或10个。光电探头(传感器)由红外发射管和红外接收管组成光电门，将光信号转换成脉冲电信号，并送入主机。检验仪器工作是否正常，可以用纸片遮挡光电探头间隙部位，检查计时器是否开始计时，达到预定周期数后是否停止计数，以及按下“复位”钮时是否显示为“000.0”。为防止过强光线对光电探头的影响，光电探头不能放置于强光下。

2.电子天平

电子天平是由数字电路和压力传感器组成的一种质量测量仪器。在使用前，实验室技术人员用标准砝码进行校准，使电子天平能准确测得物体的质量，而不是重量。测量前应先调底座螺旋，使水准仪气泡位于小圆圈内，此时电子天平处于水平状态；然后校准“零”读数，当显示0.00 g时即可开始测量。

五、实验内容与步骤

①用电子天平测量塑料圆柱、金属圆筒以及金属细杆的质量。

②用游标卡尺分别测量塑料圆柱的外径，金属圆筒的内、外径，用钢直尺测量金属细杆的长度，各测量三次。

③调整扭摆基座螺钉，使水准仪的气泡居中。

④装上金属载物盘。调整光电探头的位置使载物盘挡光杆处于其缺口(见图2-11)中央，且能遮挡住发射、接收红外线的小孔，测量其10次往返摆动所用时间3次。

⑤将塑料圆柱、金属圆筒分别垂直放于载物盘上，测量其10次往返摆动所用时间。

⑥取下载物盘，分别装上实心球及金属细杆，测量其10次往返摆动所用时间。

⑦将滑块对称地放在细杆两边的凹槽内(滑块质心距转轴距离分别为5.00、10.00、15.00、20.00、25.00 cm)，分别测量细杆5次往返摆动所用时间。

六、数据记录及处理

1.扭摆扭转系数及物体转动惯量的测定

表1 不同物体质量、几何尺寸、摆动周期及转动惯量的测定

$K=4\pi^2\dfrac{I_1'}{T_1^2-T_0^2}=$ ________ N·m

物体名称	质量/kg	几何尺寸/cm	周期 T/s		转动惯量理论值/(10^{-4} kg·m²)	实验值/(10^{-4} kg·m²)	百分误差
金属载物盘			$10T_0$			$I_0=\dfrac{T_0^2 I_1'}{T_1^2-T_0^2}$ =	
			$\overline{T_0}$				

物体名称	质量/kg	几何尺寸/cm		周期 T/s		转动惯量理论值/$(10^{-4}\,\text{kg}\cdot\text{m}^2)$	实验值/$(10^{-4}\,\text{kg}\cdot\text{m}^2)$	百分误差
塑料圆柱		D		$10T_1$		$I'_1=\frac{1}{8}m_1\overline{D_1}^2$ =		
		$\overline{D_1}$		$\overline{T_1}$				
金属圆筒		$D_内$		$10T_2$		$I'_2=\frac{m_2}{8}(\overline{D_内}^2+\overline{D_外}^2)$ =		
		$\overline{D_内}$						
		$D_外$						
		$\overline{D_外}$		$\overline{T_2}$				
实心球		D_3		$10T_3$		$I'_3=\frac{1}{10}m_3\overline{D_3}^2$ =		
		$\overline{D_3}$		$\overline{T_3}$				
金属细杆		l		$10T_4$		$I'_4=\frac{1}{12}m_4\bar{l}^2$ =		
		$\bar{l}$		$\overline{T_4}$				

2.验证转动惯量的平行轴定理

表 2　金属细杆上滑块离轴不同距离时摆动周期及转动惯量测定

x/cm	5.00	10.00	15.00	20.00	25.00
摆动 5 个周期的时间/s					
摆动周期 T/s					
实验值 $I=\frac{K}{4\pi^2}\overline{T}^2/(10^{-4}\,\text{kg}\cdot\text{m}^2)$					
转动惯量理论值 $I'=I'_4+2mx^2+I'_5$ /$(10^{-4}\,\text{kg}\cdot\text{m}^2)$					
百分误差(%)					

其中:细杆夹具转动惯量 $I=0.230\times10^{-4}$ kg·m²;球支座转动惯量 $I=0.178\times10^{-4}$ kg·m²;两个滑块绕通过质心轴的转动惯量 $I'_5=2\times0.406\times10^{-4}$ kg·m² $=0.812\times10^{-4}$ kg·m²;单个滑块质量 $m=239.7$ g;球的质量 $m_3=1.188$ kg;直径 $D_3=11.544$ cm。

七、注意事项

①弹簧的扭摆系数 K 不是固定常数,与扭摆的角度有关,但在 40°～90°间基本相同。为了减小摆角变化带来的系统误差,在测量过程中,摆角不宜过小,且各次测量时的摆角应基本相同,整个实验中摆角应基本保持在这一范围内。

②光电探头应放置在挡光杆的平衡位置,且不能相互接触,以免增加摩擦力矩。

③在实验过程中,基座应保持水平状态。

④载物盘必须插入转轴,并将螺钉旋紧,使它与弹簧组成固定的整体。如果发现摆动数次后摆角明显减小或停摆,应将止动螺钉旋紧。

八、思考题

①刚体的转动惯量与哪些因素有关?“一个确定的刚体有确定的转动惯量”,这句话对吗?为什么?

②在测定摆动周期时,光电探头应放置在挡光杆的平衡位置处,为什么?

③在实验中,对于结构相对复杂的、由三部分组成的刚体,若已知各部分相对转轴的摆动周期为 T_1、T_2、T_3,则其组成的刚体相对转轴的摆动周期 T 是多少?

④在实验中,为什么称衡球和细杆的质量时必须将安装夹具取下?为什么它们的转动惯量在计算中可以不考虑?

⑤数字式计时仪的仪器误差为 0.01 s,实验中为什么要测量 $10T$ 的时间?

实验4　拉伸法测定金属杨氏模量

杨氏模量是表征固体材料抵抗形变能力的重要物理量，是工程材料重要参数，它反映了材料弹性形变与内应力的关系。杨氏模量只与材料性质有关，是工程技术中机械构件选材时的重要依据。本实验采用液压加力拉伸法及利用光杠杆的原理测量金属丝的微小伸长量，从而测定金属材料的杨氏模量。

一、实验目的

①学会测量杨氏弹性模量的一种方法。

②掌握光杠杆放大法测量微小长度的原理。

③学会用逐差法处理数据。

二、实验仪器及用具

数显液压杨氏模量仪，光杠杆和标尺望远镜，钢卷尺，螺旋测微计。

三、实验原理

1. 拉伸法测量金属丝的杨氏模量

任何物体在外力作用下都要产生形变，形变分为弹性形变和塑性形变。发生弹性形变的物体在外力作用撤除后能恢复原状，而发生塑性形变则不能。发生弹性形变时，物体内部产生的企图恢复物体原状的力叫做内应力。对固体来讲，弹性形变又可分为4种：伸长或压缩形变、切变、扭变、弯曲形变。本实验只研究金属丝沿长度方向受外力作用后的伸长形变。

取长为L，截面积为S的均匀金属丝，在两端加外力F抻拉后，作用在金属丝单位面积上的力$\frac{F}{S}$为正应力，相对伸长$\frac{\Delta L}{L}$定义为线应变。根据胡克定律，物体在弹性限度范围内，应变与应力成正比，其表达式为

$$\frac{F}{S}=Y\frac{\Delta L}{L} \tag{1}$$

式中：Y称为杨氏模量，它与金属丝的材料有关，而与外力F的大小无关。由于ΔL是一个微小长度变化，故实验常采用光杠杆法进行测量。

2. 光杠杆法测量微小长度变化

放大法是一种应用十分广泛的测量技术，包括机械放大、光放大、电子放大等。如螺旋测微计是通过机械放大而提高测量精度；示波器是通过将电子信号放大后进行观测的。本实验采用的光杠杆法属于光放大。光杠杆放大原理被广泛地用于许多高灵敏度仪表中，如光电反射式检流计、冲击电流计等。光杠杆如图2-12(a)、(b)所示，在等腰三角形板1的三个角上，各有一个尖头螺钉，底边连线上的两个螺钉B和C称为前足尖，顶点上的螺钉A称为后足尖，A到两前足尖的连线BC的垂直距离为b，如图2-14(a)所示；2为光杠杆倾角调节架；3为光杠杆反射镜。调节架可对反射镜进行俯仰角调节。测量标尺在反射镜的侧面并与反射镜在同

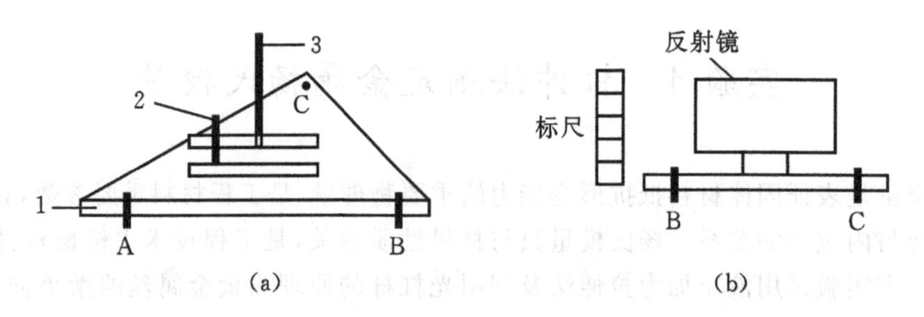

图 2-12 光杠杆示意图

一平面内,如图 2-12(b)所示。测量时两个前足尖放在杨氏模量测定仪的固定平台上,后足尖则放在待测金属丝的测量端面上,该测量端面就是与金属丝下端夹头相固定连接的水平托板。当金属丝受力后,产生微小伸长,后足尖便随测量端面一起做微小移动,并使光杠杆绕前足尖转动一微小角度,从而带动光杠杆反射镜转动相应的微小角度,这样标尺的像在光杠杆反射镜和调节反射镜之间反射,便把这一微小角位移放大成较大的线位移。这就是光杠杆产生光放大的基本原理。

图 2-13(a)为光杠杆放大原理示意图,标尺和观察者在两侧,如图 2-13(b)所示。当光杠杆反射镜的后足尖下降 ΔL 时,产生一个微小偏转角 θ,在望远镜尺上读到的标尺读数 P_1-P_0 即为放大后的钢丝伸长量 N,常称作视伸长。当 θ 角很小时,$\tan\theta\approx\theta$,$\tan 4\theta\approx 4\theta$,则

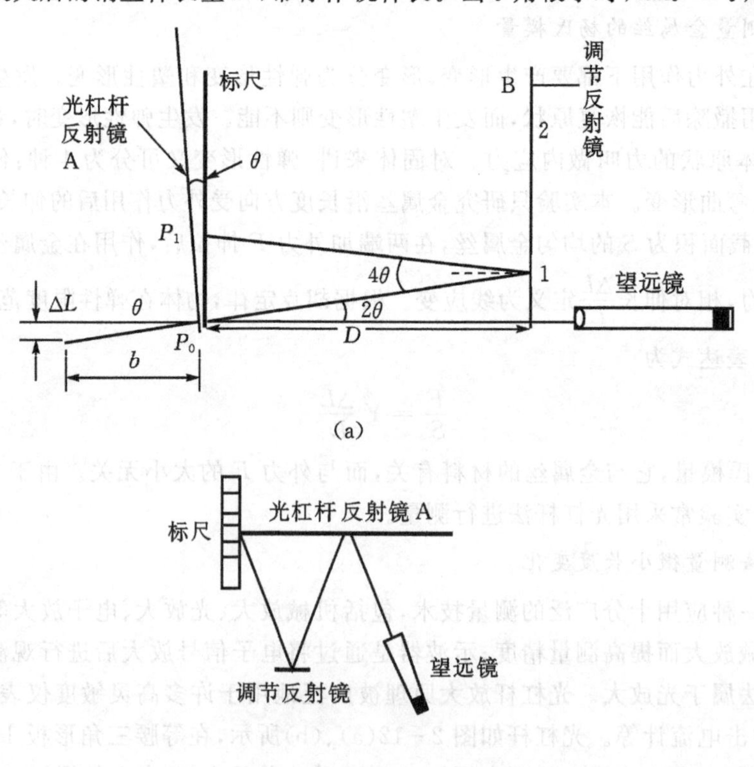

图 2-13 光杠杆放大原理图

由图可知

$$\Delta L = b\tan\theta \approx b\theta$$

$$N = P_1 - P_0 = D\tan 4\theta \approx 4D\theta$$

则

$$\Delta L = \frac{b}{4D}N \tag{2}$$

由式(2)可知，光杠杆的作用是将 ΔL 放大为标尺上相应的读数差 N，ΔL 被放大了 $\frac{4D}{b}$ 倍。把式(2)代入式(1)中，式中 $S=\frac{\pi d^2}{4}$，可得杨氏模量的测量公式

$$Y = \frac{16FLD}{\pi d^2 bN} \tag{3}$$

式中：b 称为光杠杆常数或光杠杆腿长；d 为金属丝的直径；D 为反射平面镜到标尺的距离，用光学方法测量：调节望远镜的目镜，聚焦后可清晰地看到叉丝平面上有上、中、下三条平行基准线，如图 2－14(b)所示，其中心分别记为 n_a、f、n_b，中间基准线称为测量准线，用于读取金属丝长度变化的测量值 n_1，n_2，…，上下两条准线称为辅助准线。根据光学原理可以导出

$$D = \frac{100}{3} \times \text{视距} \tag{4}$$

视距即为图 2－14(b)中的 $|n_a—n_b|$ 的距离。

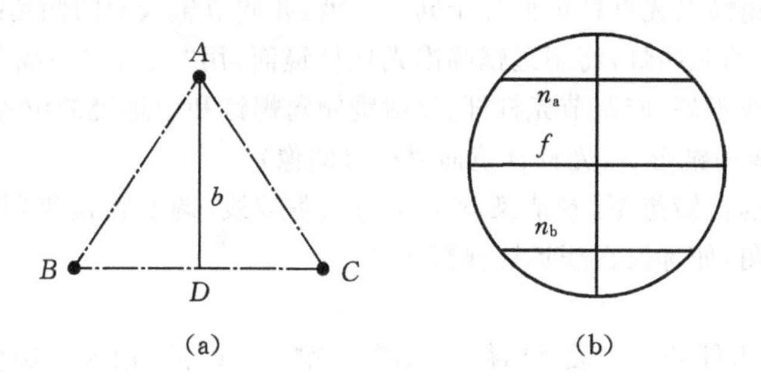

图 2－14　光杠杆常数与视距的测量

四、实验装置

本实验装置由“数显液压加力杨氏模量拉伸仪”和“光杠杆”组成。数显液压加力杨氏模量拉伸仪如图 2－15 所示，金属丝上下两端用钻头夹具夹紧，上端固定于双立柱的横梁上，下端钻头卡的连接拉杆穿过固定平台中间的套孔与拉力传感器相连。加力装置施力给传感器，从而拉伸金属丝。所施力大小由电子数字显示系统显示在液晶显示屏上。加力大小由液压调节阀改变。

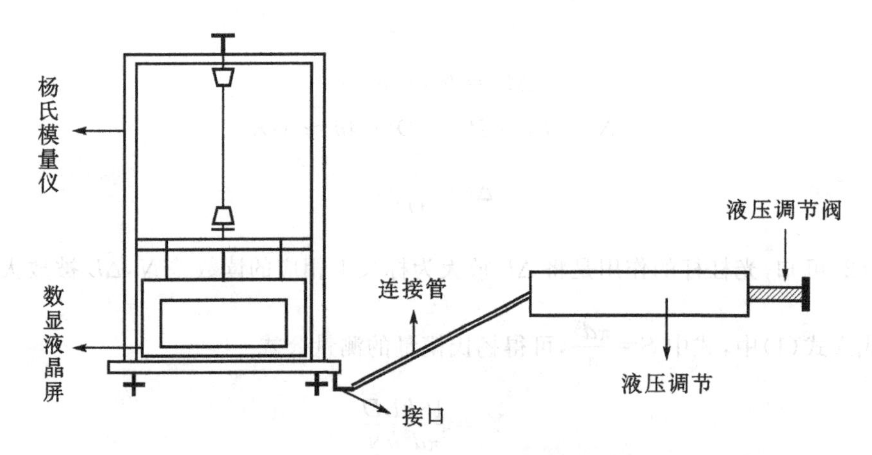

图 2-15 数显液压加力杨氏模量拉伸仪

五、实验内容与步骤

①调节底脚,使杨氏模量测定仪上的水准器的气泡居中,保持杨氏模量仪的立柱铅直,平台水平。

②将光杠杆的前足尖放在固定平台上,后足尖放在测量端面托板的平面上,并使其反射镜面基本在竖直面内,否则应调节光杠杆的倾角调节螺钉。

③调节望远镜镜筒与光杠杆镜面位于同一高度,并调节望远镜的倾角螺钉,使望远镜基本水平,然后打开标尺的照明灯,将望远镜瞄准光杠杆镜面,用"三点成一线"的方法通过望远镜找到标尺的像。若找不到,应调节光杠杆、反射镜倾角螺钉和望远镜的位置(三点即为:望远镜上的V形口,望远镜的锥形尖,光杠杆镜面里标尺的像)。

④调节望远镜的目镜焦距,看清叉丝平面的三条准线;调节物镜焦距看清反射回的标尺像。调节望远镜倾角,使标尺在望远镜视野中部。

⑤测量:

A. 按下数显测力秤的"开/关"键,待显示器出现"0.000"后,用液压螺杆加力,显示屏上会出现所施拉力(注意:顺时针转动螺杆为加力,逆时针转动为减力)。

B. 首先将数显拉力从 8 kg 开始,每加载 2 kg 记录标尺读数 n_0,n_1,n_3,n_4,n_5,n_6,n_7,n_8,n_9。隔数分钟后,连续减载,每减少 2 kg 观测一次标尺读数。读取十组数据,填入记录表格中。

注意:由于存在弛豫时间,一定要等数显拉力值完全稳定后才能记录标尺读数。

C. 为测量数据准确,重复上述步骤 B。

D. 用螺旋测微计分别测出钢丝上、中、下三个部位的直径 d;然后用钢卷尺测量金属丝的原长 L;D 由公式(4)得出。D,L 各测一次。

E. b 的测量方法:将光杠杆放在一张平放的纸上,压出 3 个足痕,用游标卡尺量出后足尖到两前足尖连线的垂直距离 b。因 b 实验中已给出,所以不用测量。

F. 测量完毕将液压调节螺杆逆时针旋转,使测力秤指示"0.000"附近后,再关掉测力秤电源。

六、数据记录与处理

表 1　标尺读数记录

拉力示值/kg	标尺读数 n_i/mm 第一次 加载	第一次 减载	第一次 平均 1	第二次 加载	第二次 减载	第二次 平均 2	逐差值/mm	逐差 1	逐差 2
8.00							$N_1=\|n_5-n_0\|$		
10.00							$N_2=\|n_6-n_1\|$		
12.00							$N_3=\|n_7-n_2\|$		
14.00							$N_4=\|n_8-n_3\|$		
16.00							$N_5=\|n_9-n_4\|$		
18.00							$\overline{N}'$		
20.00							总平均 $\overline{N}$		
22.00									
24.00									
26.00									

表 2　金属丝直径 d(mm)的测量

	8 kg	26 kg	平均值	$\overline{d}$	Δd	$\overline{\Delta d}$
$d_上$				$\frac{1}{3}(\overline{d}_上+\overline{d}_中+\overline{d}_下)$ =		
$d_中$						
$d_下$						

$b=85.0$ mm，　$|n_a-n_b|=$　　，$D=$　　，$L=$

①由表格的数据，计算出钢丝的杨氏模量的平均值 $\overline{Y}=\frac{16FLD}{\pi\overline{d}^2b\overline{N}}=$ ________，式中 $F=10\times9.80$ N。

②计算直接测得量 d、N 的相对误差，指出实验结果产生误差的主要因素。

③用算术合成法估算 Y 的相对误差 E_Y 和绝对误差 ΔY，测量结果表示为 $Y=\overline{Y}\pm\Delta Y$，式中 Y 的单位为 N/mm^2。

七、思考题

①杨氏模量测量数据 N 若不用逐差法而用作图法，如何处理？

②两根材料相同但粗细不同的金属丝，它们的杨氏模量相同吗？为什么？

③利用光杠杆测量长度微小变化有何优点？如何提高它的灵敏度？

④本实验使用了哪些测量长度的量具？选择它们的依据是什么？它们的仪器误差各是多少？

实验5 液体黏滞系数的测量

流体黏滞性的研究在物理学、化学、生物医学工程、航空航天、水利领域均有广泛应用。黏度(也称黏滞系数)是描述流体黏滞性大小的物理量。在生物医学中,如血液在血管中流动快慢取决于血液黏度的大小,而某些疾病的发生则与血液的黏度密切相关。因此,对液体黏度的测定是医药专业重要的基础实验之一。

测量黏度的方法有:毛细管法、落球法、转筒法、阻尼法等。本实验介绍两种测定液体黏滞系数的方法:毛细管法和落球法。

Ⅰ 毛细管法测定液体黏滞系数

一、实验目的

①进一步理解液体黏滞性的意义;

②学会使用毛细管黏度计,用比较法测定乙醇的黏滞系数;

③掌握测量温度和时间的基本操作技能。

二、实验仪器及用具

奥氏毛细管黏度计或乌氏毛细管黏度计,玻璃缸、温度计(精度 0.1 ℃,范围 0～100 ℃)、秒表(精度 0.01 s)、量筒(25 ml)、吸耳球、蒸馏水、无水乙醇、烧杯(100 ml)。

三、实验原理

如图 2-16 所示,液体在圆管中以较小速度流动时,是分层流动的,称为层流或片流。处于中心管轴处的液体流速最大,离管轴越远,流速越小,在管壁处的液体流速为零。与管轴距离相等处的液体组成圆筒状的液层,以相同的速度流动。相邻液层之间由于流速不同而做相对滑动,则两层之间存在着切向的摩擦力,称为黏滞力,其方向与接触面平行,其大小与速度梯度及接触面积成正比,比例系数 η 称为动力黏度。动力黏度是表征液体黏滞性大小的重要参数,其数值与液体的性质和温度有关。

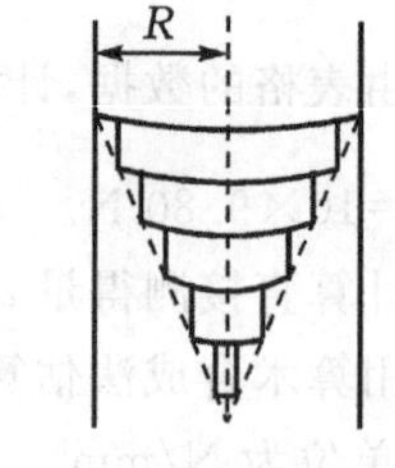

图 2-16 液体在圆管内的分层流动

本实验用奥氏或乌氏毛细管黏度计测量液体的黏滞系数。毛细管黏度计的结构外型如图 2-17 和图 2-18 所示,两种黏度计的测量原理是相同的。

在图 2-18 的奥氏黏度计中,一定体积的液体在本身重力作用下流过毛细管 f,根据泊肃叶定律,流过毛细管的流量为

$$\frac{V}{t}=\frac{\pi R^4\Delta p}{8\eta l} \tag{1}$$

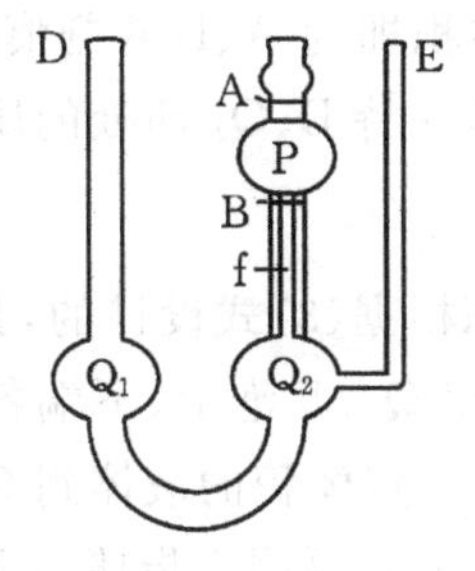

图 2-17 乌氏黏度计

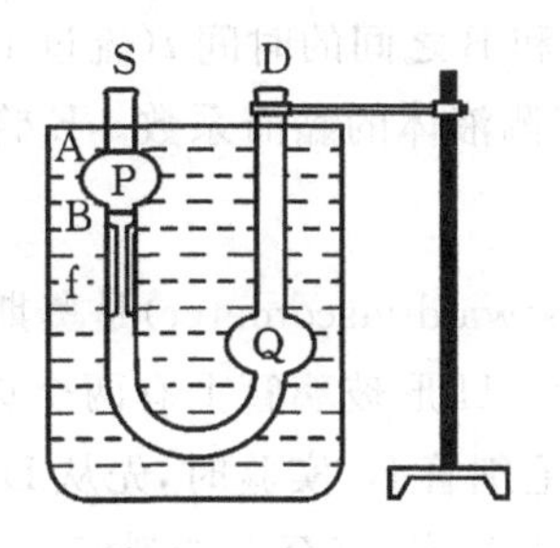

图 2-18 奥氏黏度计

式(1)可改写为

$$\eta = \frac{\pi R^4 \Delta p}{8Vl} t \tag{2}$$

式中：η 为该液体的黏滞系数；l 为毛细管 f 的长度；R 为毛细管的半径；Δp 是毛细管两端的压强差；V 为从毛细管中流过完全润湿管壁液体的体积，流经的时间是 t。

由于黏度计中的毛细管的半径 R、长度 l 及两端压强差 Δp 不易测量，因此本实验中采用比较法测量待测液体的黏滞系数。使体积相同的两种液体分别流过毛细管 f，由式(1)可得

$$V = \frac{\pi R^4 \Delta p_1}{8\eta_1 l} t_1 = \frac{\pi R^4 \Delta p_2}{8\eta_2 l} t_2 \tag{3}$$

即

$$\frac{\eta_2}{\eta_1} = \frac{\Delta p_2}{\Delta p_1} \cdot \frac{t_2}{t_1} \tag{4}$$

式中：η_1 和 η_2 分别表示已知液体和待测液体的黏度；Δp_1 和 Δp_2 分别表示已知液体和待测液体在毛细管两端的压强差。因液体受重力作用而流动，所以毛细管两端的压强差与液体的密度 ρ 和黏度计两臂中的液面高度差 Δh 成正比，即 $\Delta p = \rho g \Delta h$。在测量过程中，$\Delta h$ 虽然在不断变化，但两次实验中，Δh 的变化情况完全相同，因此

$$\frac{\Delta p_2}{\Delta p_1} = \frac{\rho_2 g \Delta h}{\rho_1 g \Delta h} = \frac{\rho_2}{\rho_1}$$

代入式(4)可得

$$\eta_2 = \frac{\rho_2}{\rho_1} \cdot \frac{t_2}{t_1} \eta_1 \tag{5}$$

一般用蒸馏水作为已知液体，从附表中查出室温下水的黏度 η_1 和水及待测液体的密度 ρ_1、ρ_2，实验时只需测得两种液体通过毛细管的时间 t_1 和 t_2，根据式(5)就可以算出待测液体的黏滞系数 η_2。

四、仪器介绍

1. 乌氏黏度计

如图 2-17 所示，有 P、Q_1、Q_2 三个玻璃泡，P 泡的上、下各有刻痕 A 和 B，P 泡下缘处接有毛细管 f。实验时，将液体从 D 管口注入 Q_1 和 Q_2 泡，用手指堵住 E 管口，再用吸耳球从管口 D 将 Q_1 和 Q_2 泡中的液体打入 P 泡直至液体进入 P 泡上端的小泡中，再用手指堵住 P 泡上端口，取掉吸耳球，同时放开 E 端口，液体将在本身重力作用下流经毛细管 f 回到 Q_1、Q_2 泡。记

录液面降至刻痕A和B之间的时间t(流过f的液体体积即为A、B两刻痕之间的体积),即可根据公式(5)求出待测液体的黏滞系数。E管的作用是保持D、Q_2两处的压强相同。

2.奥氏黏度计

奥氏黏度计(Ostwald viscometer)是奥斯特瓦尔德根据(3)式设计的,其结构为U形玻璃管,如图2-18所示。U形玻璃管上有两个玻璃泡P和Q。P泡上、下端各有一条刻痕A、B,刻痕B下面是一段毛细管f。实验时,先从D管口注入一定体积的液体到Q泡,然后用吸耳球从管口D将液体打入P泡、直至上端刻痕A以上至管口S,再用手指堵住上端口S,取掉D管口上的吸耳球。液体将在自身重力作用下经过毛细管f流回到Q泡,记录液面流经刻痕A和B之间所需的时间t,也就是A、B两刻痕之间液体流过毛细管f的时间,利用比较法,根据(5)式即可求出待测液体的黏滞系数η_2。

3.比重计

实验中,液体的密度也可以用比重计直接测得。一般比重计的下端为一充满铅粒的小玻璃泡,中部有一较大的玻璃泡,其上为粗细均匀的玻璃管,管内有刻度标尺。当比重计悬浮在液体中而平衡时,它受到的浮力等于其本身的重量,也等于它所排开液体的重量。比重计所受到的浮力等于它浸入液体中的体积与液体密度及重力加速度的乘积。由于比重计的重量是一个固定值,所以液体的密度越大,比重计浸入液体中的体积越小,比重计上的刻度尺就是根据这一原理制成的。测量时,将比重计缓慢地插入待测液体中,待悬浮状态稳定后,从刻度尺上读出与液面相齐的示数,即为液体的密度。

五、实验内容与步骤

①熟悉秒表的使用方法,能正确使用秒表读取时间。

②清洗黏度计。对奥氏黏度计,应先把蒸馏水从D管口注入黏度计中,再用吸耳球从D管口将水打入P泡、直至上端刻痕A以上至管口S,之后再吸回Q泡,反复几次,倒掉水,再重复冲洗两遍。

③将黏度计固定在铁架上,然后浸入恒温水缸中,调整黏度计使之处于铅直位置。同时把温度计插入水缸中。

④用量筒取一定量的蒸馏水(一般取10 ml)由管口D注入Q泡。

⑤对奥氏黏度计,用吸耳球套在D管口上将蒸馏水打入P泡,使其液面略高于刻痕A,再用手指堵住S泡上端口,取掉D管口上的吸耳球,松开S泡上端口手指,让水在自身重力作用下经毛细管f往下流动。当液面降至刻痕A时,按动秒表开始计时;液面降至刻痕B时,按秒表停止计时,记录读取时间t_1。重复10次,取平均值。

若使用乌氏黏度计,则先用手指堵住E管口,并用吸耳球在D管口处把蒸馏水打入至P泡上方的小泡处,移开E管口的手指,堵住P泡上端口,取掉吸耳球,准备好秒表。放开P泡上端口手指,使蒸馏水靠重力作用流过毛细管f,记录液面从刻痕A落至刻痕B所需的时间t_1。重复10次,取平均值。

⑥将黏度计中的蒸馏水倒掉,用废酒精把黏度计冲洗干净。用量筒取与蒸馏水相同体积(10 ml)的无水乙醇,仿照步骤④、⑤,测定酒精流经毛细管f的时间t_2。重复10次,取平均值。

⑦从温度计上读出玻璃缸中水的温度，从附表中查出蒸馏水的密度 ρ_1 和黏滞系数 η_1。
⑧根据测出的温度，从附表中查出酒精的密度 ρ_2，或用比重计直接测出酒精的密度。
⑨测量完毕，将酒精倒入回收瓶，用蒸馏水把黏度计冲洗干净，恢复原状。

六、数据记录与处理

表 1　酒精黏滞系数的测定

次数	时间 t_1/s	绝对误差 Δt_1/s	时间 t_2/s	绝对误差 Δt_2/s
1				
2				
3				
4				
5				
6				
7				
8				
9				
10				
平均值				

由公式(5)计算出酒精的黏滞系数 η_2。计算误差，并正确表示测量结果。根据给出的公认值 $\eta_{标}$（从附表中查出）求出 η_2 的百分误差。

$$\overline{\eta_2}=\frac{\rho_2}{\rho_1}\cdot\frac{\overline{t_2}}{\overline{t_1}}\eta_1=\_\_\_\_\_\_\_\_\_\_\ \text{Pa}\cdot\text{s}$$

$$E=\frac{\overline{\Delta\eta_2}}{\overline{\eta_2}}=\frac{\overline{\Delta t_1}}{\overline{t_1}}+\frac{\overline{\Delta t_2}}{\overline{t_2}}=\_\_\_\_\_\_\%;\quad \overline{\Delta\eta_2}=E\cdot\overline{\eta_2}=\_\_\_\_\_\_\ \text{Pa}\cdot\text{s}$$

$$\eta_2=\overline{\eta_2}\pm\overline{\Delta\eta_2}=\_\_\_\_\_\_\_\_\_\_\ \text{Pa}\cdot\text{s};\quad B=\frac{|\overline{\eta_2}-\eta_{标}|}{\eta_{标}}\times100\%=\_\_\_\_\_\_\%$$

七、注意事项

①使用黏度计测量时，应特别注意不要用手将 U 形管的两根管子同时握住，以防折断。
②比重计应缓慢插入液体中，不可从高处突然松手，以免比重计碰到容器底部而破碎。

八、思考题

①实验中为什么要取相同体积的蒸馏水和酒精分别通过 D 管口注入 Q 泡中进行测量？
②为什么实验全过程中要将黏度计浸入水中？
③测量过程中为什么必须使黏度计保持铅直状态？

Ⅱ　用多管落球法测定液体的黏度

落球法是一种简单有效的测量液体黏度的方法，它适用于测量黏度较大，且具有一定透明度的液体的黏滞系数。

一、实验目的

①观察液体的内摩擦现象,用多管落球法测定液体的(动力)黏度;
②学习用外延扩展法获得理想条件的方法;
③用作图法或使用微机用线性拟合法处理数据。

二、实验仪器及用具

测量显微镜、装有待测液体的不同直径的圆柱透明管、停表、小钢球、铜镊子、磁铁、气泡水准器、比重计、温度计。

三、实验原理

如果一个固体小球在黏滞液体中铅直下落,由于附着于球面的液层与周围其他液层之间存在着相对运动,因此小球要受到黏滞阻力的作用,它的大小与小球下落的速度有关。当小球做匀速运动时,测出小球下落的速度,就可以计算出液体的黏度。

固体小球在液体中缓慢下落时,受到三个力的作用:重力、浮力和阻力。这里与运动方向相反的摩擦力就是黏滞力。如果液体黏滞性较大,在各方向上是均匀无限广延的;球体小而光滑、质量均匀,在液体中下落时的速度很小,那么,小球在运动过程中不产生涡旋。根据斯托克斯(1845 年)定律,这时小球受到的黏滞力 f 为

$$f = 3\pi\eta v d \tag{6}$$

式中:η 是液体的黏度;v 是小球下落的速度;d 是小球的直径。

设小球的密度为 ρ,体积为 V,液体的密度为 ρ_0,重力加速度为 g 。当小球在液体中下落时,所受重力 ρVg 方向铅直向下,浮力 $\rho_0 Vg$ 和黏滞力 f 铅直向上,由式(6)可知 f 随小球速度的增加而增大。当小球开始下落时,$\rho Vg > \rho_0 Vg + f$,小球做加速运动。当小球速度增加到某一值 v_0 时,小球所受合力为零,于是小球就以 v_0 匀速下落,这时有

$$V(\rho - \rho_0)g = 3\pi\eta v_0 d \tag{7}$$

即

$$\frac{1}{6}\pi d^3(\rho - \rho_0)g = 3\pi\eta v_0 d$$

从而可得黏度 η 为

$$\eta = \frac{(\rho - \rho_0)gd^2}{18v_0} \tag{8}$$

式中:v_0 是小球在无限广延的连续液体中匀速下落时的速度,称为终极速度或收尾速度。

从式(8)可知,要测定液体的黏度 η,关键是如何测得 v_0。然而,装在容器内的液体不满足无限广延条件。于是,便将一组直径不同的圆管垂直安装在同一水平底板上,如图 2-19 所示。在每个圆管上刻有间距为 l 的 A、B 两刻线,上刻线 A 与液面间具有适当的距离,使小球下落到接近 A 刻线时,已在做匀速运动,且可近似看作是无限广延的。下刻线与底面间也应该有较大的距离。依次测出同一小球通过各圆管两刻线间所需的时间 t。若各管的内直径用一组 D 值表示,大量的实验数据分析表明,t 与 d/D 成线性关系。

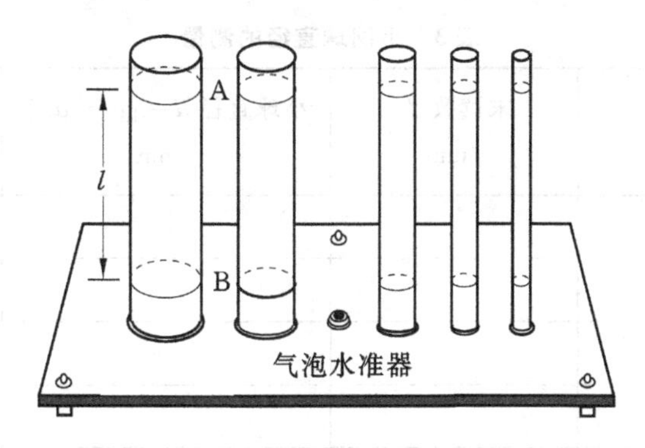

图2-19　多管落球法测液体黏度装置

以 t 为纵轴，d/D 为横轴，将测得的各实验点连成直线，延长该直线与纵轴相交，其截距为 t_0。t_0 就是当 $D\to\infty$ 时，即在无限广延的液体中，小球匀速下落通过距离 l 所需的时间。故式(8)、(9)中 ρ、g、l 的数值由实验室给出，测出 d、ρ_0，求出 v_0，便可得到 η。其中

$$v_0 = \frac{l}{t_0} \tag{9}$$

四、实验内容与步骤

①调节安装在圆柱管底板上的螺钉，观察气泡水准器，使底板水平，以保证圆柱管中心轴线处于铅直状态。用温度计在放比重计的液体中测一次液体的温度 θ_1。

②测量显微镜(使用方法见实验1读数显微镜)测量小钢球的直径 d，在不同部位测量5次，求平均值。

③用铜镊子夹起测得直径的小钢球，小心地放入最细的圆柱管液体的中心处，观察小钢球的运动情况，应使小钢球沿圆柱管中心轴线下落，用停表测量小钢球通过刻线A、B间距的时间。

④用磁铁将这个小钢球从管中沿管壁吸出。

⑤依次测出该小球在其他各管液体中心处做落体运动通过A、B刻线间距的时间。

⑥用比重计测量液体的密度 ρ_0，再用温度计测一次液体的温度 θ_2，求出平均值 θ。

⑦抄录实验室给出的各圆柱管内径 D,A、B 间的距离 l，小钢球密度 ρ 的数值。地球任意地方重力加速度的计算公式为

$$g = 9.78049 \times (1 + 0.005288\sin^2\varphi - 0.000006\sin^2\varphi)$$

其中西安地区的纬度 φ 为 $34°16'$。

五、数据记录与处理

表2　小钢球下落时间的测量

圆柱管内径 D/mm					
下落时间 t/s					

表3 小钢球直径的测量

测量次数	初读数 d_1 /mm	末读数 d_2 /mm	小球直径 $d=\|d_2-d_1\|$ /mm	绝对误差 $\Delta d=\|\overline{d}-d_i\|$ /mm
1				
2				
3				
4				
5				
平均值			$\overline{d}=$	$\overline{\Delta d}=$

$\rho_0=$　　　$\theta=$　　　$l=$　　　$\rho=$　　　$g=$

用作图法处理数据,用直角坐标纸作出 $t-d/D$ 图线,从图上求出 t_0,再算出 v_0 和 η。

六、注意事项

①实验时,液体中应无气泡。小钢球表面圆滑清洁。

②因液体黏度随温度升高而迅速地减小,所以在实验过程中不要用手触摸小钢球和圆柱管壁。

七、思考题

①多管落球法测液体黏度实验是如何满足无限广延条件的?

②观察小球通过横刻线时,应如何避免误差?

【附录】

锥板式黏度计

用奥氏黏度计(毛细管)和落球法测液体黏度的方法,严格地讲,不能用于测量非牛顿液体(如血液)的黏度。在医药学中测量非牛顿液体(如血液)的黏度可使用锥板黏度计(cone and plate viscometer)。下面简要介绍锥板式黏度计的仪器结构原理和实验原理,供同学们在实践中参考。

如图2-20所示,锥板式黏度计主要由一个水平平板和一个顶角很大(178°)的圆锥体组成,圆锥体的顶点恰与平板接触,圆锥体的轴线与平板面垂直,于是,圆锥母线与平板间的夹角 α 很小,仅1°~2°。测量时,在圆锥体和平板的间隙中充满待测液体(因间隙很小,只需少量液体),如把圆锥体固定,在水平板上施一力矩 M 使之绕垂直轴旋转(或者使锥体旋转而平板静止),由于液体有内摩擦力,因而平板只在 M 开始作用的很短时间内有角加速度,以后将做匀角速转动。设其匀角速度为 ω,下面分析 M 和 ω 之间的数量关系,即实验原理。

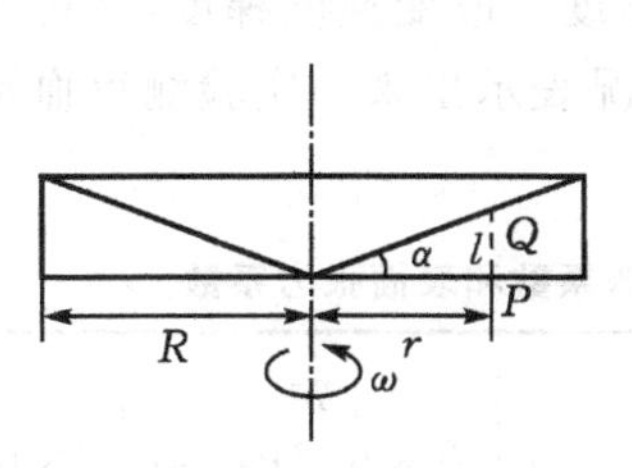

图 2-20 锥板式黏度计

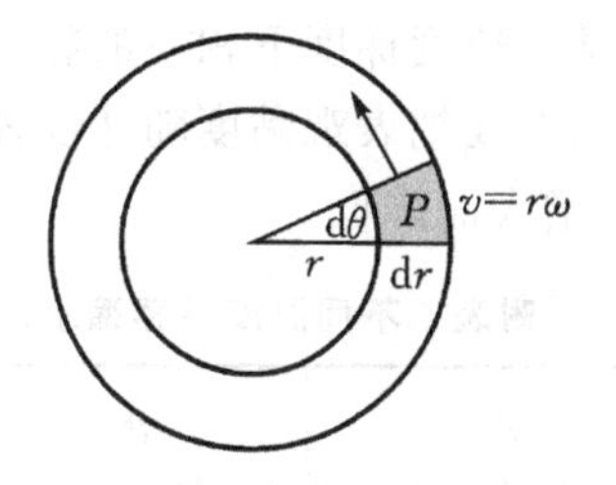

图 2-21 作用于平板上的力矩 M 的计算

1. 待测液体为牛顿液体

假设平板上离转轴为 r 处有某点 P，在其附近取元面积 ds，即图 2-21 中阴影部分。因 $d\theta$ 很小，故 ds 可视为一小矩形，其面积为 $rd\theta dr$，设其以线速度 $v(v=r\omega)$ 运动，而与之对应的在圆锥上的 Q 点(见图 2-20)则处于静止，因此，P、Q 间的速度梯度应为

$$\frac{v}{l}=\frac{r\omega}{r\alpha}=\frac{\omega}{\alpha}$$

式中：ω 和 α 均为常量。这说明锥板黏度计中待测液体内部的速度梯度各处相同，且与 r 无关，这是锥板黏度计的重要特征。

设待测液体的黏度为 η，根据牛顿黏滞定律，作用于 ds 上的内摩擦阻力 df 应为

$$df=\eta\frac{\omega}{\alpha}r\,d\theta dr$$

因此，作用于 ds 上的阻力矩为

$$r df=\eta\frac{\omega}{\alpha}r^2\,d\theta dr$$

平板达匀角速运动时，作用于平板上的总力矩 M 应与总阻力矩相等，即

$$M=\int_0^{2\pi}d\theta\int_0^R\eta\frac{\omega}{\alpha}r^2\,dr$$

式中：R 为平板中接触待测液体部分的半径。由上式积分后可得

$$M=\frac{2\pi R^3}{3}\frac{\omega}{\alpha}\eta$$

或者

$$\eta=\frac{3M\alpha}{2\pi R^3\omega} \tag{10}$$

式(10)中的 α 和 R 对一定的锥板式黏度计来说是定值，可以事先测量，因此，只要测定了已知力矩 M 作用下的角速度 ω(或测定已知角速度 ω 时的作用力矩 M)，即可由式(1)计算出待测液体的黏度 η。

如果在同一锥板黏度计中分别加入黏度各为 η_1 和 η_2 的两种液体，并各施一相同的力矩，设其相应的角速度分别为 ω_1 和 ω_2，则由式(10)可得

$$\eta_2=\frac{\omega_1}{\omega_2}\eta_1 \tag{11}$$

如 η_1 已知，则可由式(11)求出待测液体的黏度 η_2。

2. 待测液体为非牛顿液体

可以证明：液体中各处的速度梯度仍然相同，仍为 ω/α。因此，用上述方法，根据式(10)或

式(11),可求出某一速度梯度下相应的黏度(称为表观黏度),改变速度梯度,又可求出另一表观黏度,最后可用曲线把表观黏度随速度梯度的变化情况表示出来。实验测得血液的表观黏度随速度梯度的增大而降低。

附表 不同温度下蒸馏水、酒精的密度、黏滞系数和表面张力系数

温度/℃	$\rho_水$ /(×10³ kg·m⁻³)	$\rho_酒$ /(×10³ kg·m⁻³)	$\eta_水$ /(×10⁻³ Pa·s)	$\eta_酒$ /(×10⁻³ Pa·s)	α /(×10⁻³ N·m⁻¹)
10	0.99970	0.798	1.307	1.451	74.22
11	0.99961	0.797	1.271	1.431	74.07
12	0.99949	0.796	1.236	1.407	73.93
13	0.99938	0.795	1.203	1.384	73.78
14	0.99924	0.795	1.170	1.361	73.64
15	0.99910	0.794	1.139	1.345	73.49
16	0.99894	0.793	1.109	1.320	73.34
17	0.99877	0.792	1.081	1.290	73.19
18	0.99860	0.791	1.053	1.265	73.05
19	0.99841	0.790	1.027	1.238	72.90
20	0.99820	0.789	1.002	1.216	72.75
21	0.99799	0.788	0.9779	1.188	72.59
22	0.99777	0.787	0.9548	1.186	72.44
23	0.99754	0.786	0.9325	1.143	72.38
24	0.99730	0.786	0.9111	1.123	72.13
25	0.99704	0.785	0.8904	1.103	71.97
26	0.99678	0.784	0.8737	1.079	71.82
27	0.99651	0.784	0.8545	1.055	71.66
28	0.99623	0.783	0.8360	1.032	71.50
29	0.99594	0.782	0.8180	1.009	71.35
30	0.99565	0.781	0.7980	0.991	71.18
40	0.99222	0.772	0.6560	0.823	69.56
50	0.98804	0.763	0.5468	0.701	67.91

实验 6　液体表面张力系数的测定

宏观上，液体表面像一块张紧的弹性膜，存在沿着表面并使表面积收缩的应力，这种力称为表面张力，它存在于厚度仅为10^{-9} m 的液体表面层内；微观上，是表面层内分子力作用的结果。表面张力是液体表面具有的重要特性，其大小可以用表面张力系数 α 来描述。液体的表面张力系数 α 不仅与液体的性质和温度有关，还与杂质有关。因此，对液体表面张力系数 α 的测定，可为分析液体表面的分子分布及结构提供帮助，对于了解与生命过程有关的液体表面现象也有重要的意义。

测量液体表面张力系数有多种方法，如拉脱法、毛细管法、平板法、最大气泡压力法等。本实验是用拉脱法和毛细管法测定液体的表面张力系数。

一、实验目的

①了解焦利天平测微小力的原理、方法和仪器结构。

②学习用拉脱法和毛细管法测定液体的表面张力系数。

二、实验仪器及用具

焦利天平，Π 形金属丝框，1 g 、2 g 砝码，小钢直尺，玻璃杯，蒸馏水，金属镊子，温度计，测量显微镜。

三、实验原理

1. 用拉脱法测定水的表面张力系数

设想在液体表面上作一长为 L 的直线段，则表面张力的作用就会表现为线段两边的液面以一定的拉力 F_α 相互作用着，且力的方向恒与线段垂直，大小与线段的长度 L 成正比，即

$$F_\alpha = \alpha L \quad 或 \quad \alpha = F_\alpha / L \tag{1}$$

式中：α 为液体表面张力系数，$N \cdot m^{-1}$，数值等于施于液面分界线单位长度上的作用力。

拉脱法测定液体表面张力系数是一种直接测定法，是利用物体的弹性形变来量度力的大小的。本实验所用的焦利天平就是基于这个原理制成的。

将一洁净 Π 形金属丝框浸入水中，由于水能浸润金属，当拉起金属线框时，在 Π 型金属线框内就形成双面水膜。

设 Π 形金属丝的直径为 d，线框内宽为 L，重量 mg，受浮力 f，弹簧向上的拉力 F，液体的表面张力为 F_α。则 Π 形金属线框的受力平衡条件为

$$F + f = mg + F_\alpha \tag{2}$$

设接触角为 θ，由于水膜宽度为$(L+d)$，则表面张力为

$$F_\alpha = 2\alpha(L + d)\cos\theta \tag{3}$$

缓慢拉起 Π 形线框至水面时，接触角 θ 趋近于零，上式中 $\cos\theta \to 1$。

由于 Π 形线框不仅本身体积小，重量轻，而且在拉膜过程中，重力和浮力的方向总是相反

而相互抵消。如取Ⅱ形线框上边缘恰与水面平齐时为弹簧的平衡位置 x_0，重力对弹簧的伸长量的贡献完全可以忽略不计。所以当缓慢拉起Ⅱ形线框至水膜刚好破裂的瞬间，表面张力 F_α 与弹簧的弹性力 F 的大小相等。即

$$F_\alpha = F \tag{4}$$

由式(3)得 $F_\alpha = 2\alpha(L+d)$，由胡克定律知 $F = k \cdot \Delta x$，代入上式整理得

$$\alpha = \frac{k \cdot \Delta x}{2(L+d)} \tag{5}$$

式中：k 为实验所用弹簧的倔强系数，可由实验测出；Δx 为拉膜过程中弹簧的最大伸长量，可由游标的位置计算出来；L 为Ⅱ形线框的宽度；d 为制作Ⅱ形线框金属丝的直径。通常，与 L 相比 d 是很小的，可以忽略不计，故式(5)可改写为

$$\alpha = \frac{k \cdot \Delta x}{2L} \tag{6}$$

由上式可知，只要测量出焦利弹簧的倔强系数 k，通过拉膜过程测出 Δx，即可求出待测液体的表面张力系数 α。

2. 毛细管法测定水的表面张力系数

如果将玻璃毛细管插入水中，则毛细管中的水受附加压强的作用，管内水面将比管外水面高，由于水能浸润玻璃，水面呈凹弯月面形状，水在毛细管中上升的高度为

$$h = \frac{2\alpha\cos\theta}{r\rho g} \tag{7}$$

式中：r 为毛细管的半径；g 为重力加速度；α、ρ 分别为水的表面张力系数和密度；θ 为接触角，洁净的玻璃与水的接触角接近于零。所以(7)式可变为

$$\alpha = \frac{1}{2}\rho g h r \tag{8}$$

只要测得毛细管的半径 r 和水在毛细管中上升的高度 h，便可由式(8)计算出 α 的值。(ρ 可由附表查得)

四、实验内容与步骤

1. 拉脱法测定水的表面张力系数

(1)测定焦利天平弹簧的倔强系数

①按图 2-22 安装好弹簧 C 、指示镜 I、砝码盘 E 等，调节三角底座上螺钉使金属主杆铅直，并使小指示镜无摩擦地悬在玻璃指示管 D 中央。

②调节支架升降旋钮 G，使小镜上的水平线 I，玻璃管上的水平线 D 及 D 在小镜中的像 D′“三线重合”(观察时眼睛要与玻璃指示管上的水平线等高)，记下游标尺读数 x_0；分别将 1、2、3 g 砝码逐个加入砝码盘，每加一个砝码，应重新调节升降旋钮使“三线重合”，读出游标位置 x_i；再逐个减砝码，每减一个，仍需调节升降旋钮使“三线重合”，再读出游标位置 x_i。

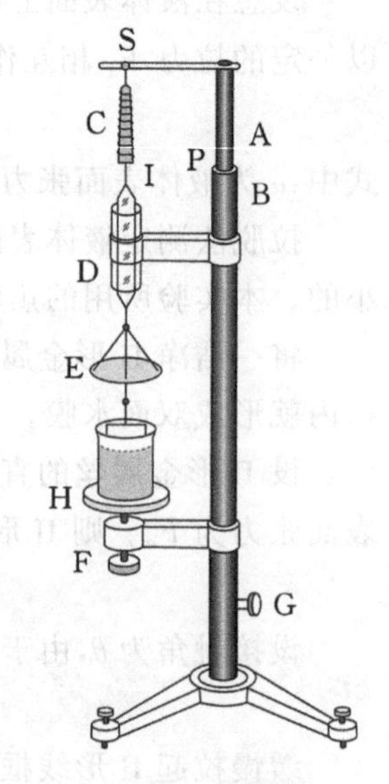

图 2-22 焦利天平

(2)测定水的表面张力系数 α

①用小钢直尺测出Ⅱ形线框的宽度 L,重复测量5次求平均值。

②将盛有适量水的玻璃小烧杯置于载物小平台H上,将Ⅱ形线框用酒精洗净或用酒精灯烧红去污后挂在砝码盘下的小钩上。

③调节载物台和升降钮的高度,使Ⅱ形线框完全浸入水中。

④在保证"三线重合"的条件下,一手调节升降钮G,一手调节载物台的高度至Ⅱ形线框上边缘刚好与水面平齐,记下支架上游标的位置 x_0。

⑤在保证"三线重合"的条件下,继续缓慢调节升降旋钮和载物台,至液膜刚好破裂为止,记下游标位置 x_i。

⑥重复③~⑤步骤5次。

⑦记下实验前、后的室温,取平均值作为测量过程中水的温度 t。

2. 毛细管法测定水的表面张力系数

(1)测量毛细管中液体上升的高度 h

①将焦利天平上的弹簧取下,换上测量杆,并在立柱上套上毛细管夹头,使毛细管垂直地处于烧杯中(见图2-23)。

②将测量杆的测量片紧贴在毛细管旁,然后旋动旋钮G使测量片恰好与烧杯内的液面接触,记下此时游标尺的读数 h_1;再调节旋钮G使测量片下沿与毛细管中液面对齐,记下此时游标尺的读数 h_2,则 $h=h_2-h_1$。

③重复步骤②五次,求 h 的平均值。

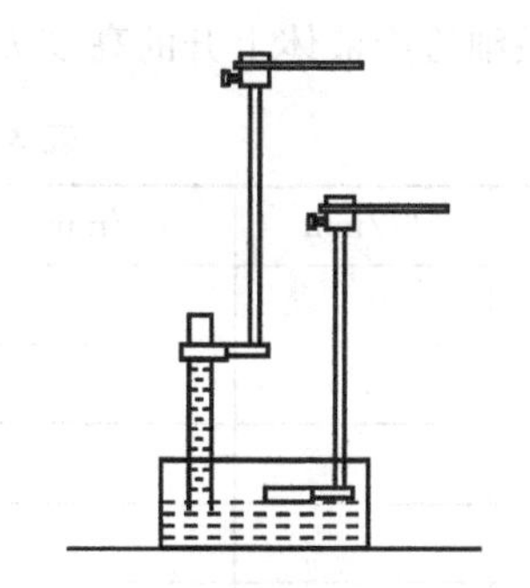

图2-23 毛细管法测 α 装置示意图

(2)测量毛细管的内径并求 α

①用测量显微镜测毛细管的内径 d 五次,求 d 的平均值。

②用温度计测出水温 t(℃),从附表中查出与 t(℃)相对应的水的密度 ρ。

五、数据记录与处理

1. 用拉脱法测定水的表面张力系数

(1)计算弹簧的倔强系数 k 及测量误差

表1 弹簧倔强系数测量 $x_0=$ mm

	1 g		2 g		3 g	
x_i/mm	加载	卸载	加载	卸载	加载	卸载
Δx/mm						
k/(N/m)						
$\bar{k}$/(N/m)						

(2)计算水的表面张力系数 α 及其测量误差

表 2 水的表面张力系数 α 测量 $x_0=$ mm, $t=$ ℃

	L/mm	ΔL/mm	x/mm	Δx/mm	$\alpha/(\times 10^{-3}\,\mathrm{N/m})$
1					
2					
3					
4					
5					
平均值					

从实验 5 附表中查出温度为 t(℃)时水的表面张力系数作为公认值 α_t,求出 α 的百分误差。

2.毛细管法测定水的表面张力系数 α

测量毛细管中液体上升的高度 h 和毛细管的内径 d。

表 3 水的表面张力系数 α 测量 $t=$ ℃

	h_1/mm	h_2/mm	Δh/mm	d/mm	$\alpha/(\times 10^{-3}\,\mathrm{N/m})$
1					
2					
3					
4					
5					
平均值					

$\bar{\alpha}$ 与公认值比较求百分误差。

六、注意事项

①在实验过程中要始终保证小镜悬于玻璃管中央。
②焦利天平上的弹簧是易损精密元件,应轻拿轻放,切忌用手拉扯、玩耍,防止损坏。
③测量 Π 形线框宽度时,应将其平放于纸上,防止变形。
④实验时 Π 形线框不能倾斜,否则拉出水面时液膜将过早地破裂,给实验带来误差。
⑤测量时要始终保证“三线重合”,并在线框上边缘与水面平齐时读取 x_0。
⑥不要用手触摸清洁过的玻璃杯和 Π 形线框。

七、思考题

①在拉膜时弹簧的初始位置如何确定?为什么?
②在拉膜过程中为什么要始终保持“三线重合”?为实现此条件,实验中应如何操作?
③如果金属丝、玻璃杯和水不洁净,对测量结果会有什么影响?
④如果 Π 形金属线框不规则,或拉出水面时不平衡,对测量结果有何影响?

【附录】

用滴定法测定液体表面张力系数

表面张力是液体表面具有的重要特性，其大小可以用表面张力系数 α 来描述。表面张力系数 α 值不仅随液体的性质而不同，随温度的升高而减小，还与液体中存在的杂质的性质及多少有关。研究杂质对液体表面张力系数的影响，对于医学生加深理解表面张力现象在人体肺呼吸过程中所起的作用有着重要的意义。

一、实验目的

①学习用滴定法测定液体表面张力系数的原理和方法。

②验证水的表面活性物质和表面非活性物质对其表面张力系数的影响。

二、实验仪器

焦利天平，酸式滴定管，电子秒表，电子天平，烧杯，待测液体（蒸馏水、医用 NaCl(0.9%)溶液、葡萄糖溶液(5%)、无水乙醇(99.7%)和肥皂水(0.5%)）。

三、实验原理

如图 2-24(a)所示，假设液体从滴定管的管口缓慢滴落时在 B 处断落，滴落以前呈半圆柱状。由静力学分析，此时液滴受到三个力作用：重力 $P=mg$，方向向下；作用在管口周界线上的表面张力 $F=\alpha L=2\pi r\alpha$，方向向上；由液体附加压强引起的附加压力 $F_s=P_s\cdot S=(\alpha/r)\cdot\pi r^2$，方向向下。其中 r 为管口的半径，α 为液体表面张力系数。

根据小液滴受力平衡可得

$$mg+\pi r\alpha=2\pi r\alpha$$

则

$$\alpha=\frac{1}{\pi}\frac{mg}{r} \tag{1}$$

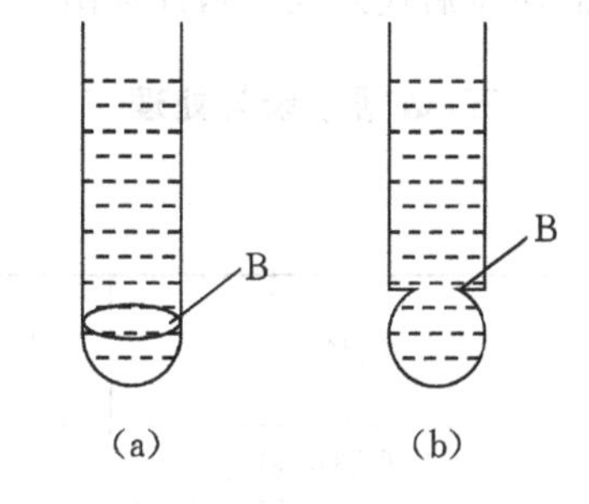

图 2-24　液滴滴落示意图

原则上，只要测出 m、r，由式(1)即可求得 α。但因式(1)是假设液滴断落时为理想的圆柱形而得到的，事实上液滴为图 2-24(b)所示的不规则的几何形状。这样，由于形状复杂，使得液滴的附加压强难以计算。为了使问题简化，可假定形状不同造成的差别反映在式(1)中的常数不是 $1/\pi$，而是某值 k，因为对于不同的物质 k 值都相同，所以 k 为一个常量。即式(1)变为

$$\alpha=k\frac{mg}{r} \tag{2}$$

于是，可先用已知表面张力系数的液体（如水）进行滴定，求出 $k=\frac{\alpha_1 r_1}{m_1 g}$ 值后，再用待测液体进行滴定。将 k 值代入式(2)，便可求出待测液体的 α 值。

在实验中，我们使用同一个滴定管，以蒸馏水作为已知 α_1 的液体，先进行滴定，然后依次滴定其它待测溶液。因 $r_1=r_2=r_3\cdots$，故采用比较法就可很方便地得出各待测液体的表面张力系数，即

$$\alpha_2 = \frac{m_2}{m_1}\alpha_1, \ \alpha_3 = \frac{m_3}{m_1}\alpha_1, \cdots \tag{3}$$

因 α 值与温度有关,故在测量时需记录温度 t(℃),代入公式 $\alpha=(75.6-0.14t)\times10^{-3}$ N/m,计算出蒸馏水在 t℃时的表面张力系数 α_1,再用滴定法测出蒸馏水和其它溶液一个液滴的质量,最后代入式(3)就可求出各待测液体 α 的值。

四、实验内容与步骤

该实验的内容是测定水的表面活性物质和表面非活性物质的表面张力系数,目的是研究杂质对表面张力系数 α 值的影响,具体步骤如下。

①仪器调整:将焦利天平的立柱调至铅直状态,把冲洗干净的滴定管放在玻璃指示管的位置处夹住,使其垂直,在管口正下方放置一个小量筒或小烧杯收集滴落的液滴。

②用温度计测量室温 t(℃),将其代入公式 $\alpha=(75.6-0.14t)\times10^{-3}$ N/m 计算出蒸馏水的表面张力系数 α_1,然后给滴定管中注入 20～30 ml 的蒸馏水。

③滴定管下端有调节阀,可调节液滴下落的速度。仔细调整调节阀,观察液滴滴落速度,并用电子秒表监测,当液滴间隔时间在 10～20 s 时,液滴质量趋于稳定,即液滴质量随时间的变化基本为一个常量。

④当液滴质量趋于稳定后,将小量筒(收集杯)放在电子天平上称得质量 m_0,为了减小误差,提高测量准确度,采用累计放大法测量液滴质量。连续数出 50 个液滴后,将收集杯放在电子天平上称得质量 m,则可得蒸馏水一个液滴的质量 $m_1=\dfrac{m-m_0}{50}$。

⑤将不同溶液注入滴定管,分别滴落(注意:滴定管在更换溶液时,必须冲洗干净),测出液滴质量后代入式(3),计算出各溶液 α 值。

五、数据记录与处理

表 1　不同溶液的质量及 α 值

液体	蒸馏水	无水乙醇(99.7%)	肥皂水(0.5%)	NaCl 溶液(0.9%)	葡萄糖溶液(5%)
50 个液滴质量/g					
1 个液滴质量/g					
α 值/(10^{-3} N/m)					

注:因液滴很小,故每个液滴质量的有效数字位数可多取 1～2 位数。

①从本实验附表中查出 t ℃时乙醇的表面张力系数作为公认值,与本实验所测数据比较,计算乙醇百分误差 E_α。

②从测量结果分析杂质对液体表面张力的影响,得出结论。加深对与生命过程密切相关的液体表面现象的物理概念和规律的理解。

六、注意事项

①使用电子天平时,要先调节其水平。

②在实验中更换液体、冲洗滴定管时，切记要轻拿轻放，小心谨慎，防止损坏。

③在实验操作过程中，尽量避免把水和其它液体洒在桌面上，造成浪费。

七、思考题

①液体的表面张力系数与哪些因素有关？

②人体肺泡内壁分泌的表面活性物质在呼吸过程中起着什么作用？

③使某种液体的表面张力系数减小，可采取哪些措施？

附表　与空气接触的液体的表面张力系数

液体	t/℃	$\alpha/(10^{-3}\,N\cdot m^{-1})$	液体	t/℃	$\alpha/(10^{-3}\,N\cdot m^{-1})$
水	0	75.6	O_2	−193	15.7
	10	74.2	水银	20	465
	20	72.8	肥皂溶液	20	25.0
	40	69.6	苯	20	28.9
	60	66.2	CCl_4	20	26.8
	100	58.9			
乙醇	0	28.3	乙醇	21	22.0
	2	27.7		22	21.7
	4	27.1		23	21.4
	6	26.5		24	21.1
	8	25.9		25	20.8
	10	25.3		26	20.5
	12	24.7		27	20.2
	14	24.1		28	19.9
	16	23.5		29	19.6
	18	22.9		30	19.3
	19	22.6		32	18.7
	20	22.3		34	18.1

实验7 不良导体导热系数的测定

导热系数又称为导热率,是表征物质热传导性能的物理量,它与材料结构及杂质含量有关。同时,导热系数一般随温度而变化。所以,材料的导热系数通常由实验测定。

导热系数的测量方法有稳态法和动态法。稳态法是指在待测样品内部最终形成稳定的温度分布;而动态法是指测量时在样品内部的温度是随时间变化的。本实验利用稳态法测定不良导体的导热系数。

一、实验目的

①学会用稳态平板法测定不良导体的导热系数;

②学会用作图法求散热速率。

二、实验仪器及用具

导热系数测定仪,待测样品盘,游标卡尺,秒表等。

三、实验原理

由傅里叶热传导方程可知,在物体内部垂直于导热方向上,取两个相距为 h、面积为 S、温度分别为 θ_1、θ_2 的平行平面($\theta_1>\theta_2$),在 δt 时间内,从一个平面传到另一个平面的热量满足下式

$$\frac{\delta Q}{\delta t}=\lambda S\frac{\theta_1-\theta_2}{h} \tag{1}$$

式中:$\frac{\delta Q}{\delta t}$为热流量;$\lambda$ 定义为该物质的导热系数,其数值等于两个相距单位长度的平行平面间,当温度相差1个单位时,在单位时间内垂直通过单位面积的热量,W/(m·K)。

对于半径为 R_B、厚度为 h_B 的圆盘样品,在单位时间内通过待测样品B任一圆截面的热流量为

$$\frac{\delta Q}{\delta t}=\lambda\frac{\theta_1-\theta_2}{h_B}\pi R_B^2 \tag{2}$$

式中:θ_1、θ_2、h_B 及 R_B 各值均容易测得,而$\frac{\delta Q}{\delta t}$可用以下方法来测量。

将样品盘(橡胶圆盘)B夹在上下两个圆形铜盘A、C之间,它们的半径基本相同,如图2-25所示。A为加热盘,C为散热盘,B为传热盘。当系统散热功率等于加热功率,系统各处的温度将处于一个相对稳定的分布状态,即达到稳态。在稳定导热条件下,可认为上、下铜盘A和C的温度为样品盘B上、下两个表面的温度,而通过样品盘B的热流量等于C盘在此温度时从C盘下表面和侧面向周围环境的散热速率。所以,可由C盘在稳定温度时的散热速率来求热流量$\frac{\delta Q}{\delta t}$。

在实验中,设测得上、下铜盘A和C的稳定温度分别为 θ_1、θ_2。此时即可将样品盘B从两

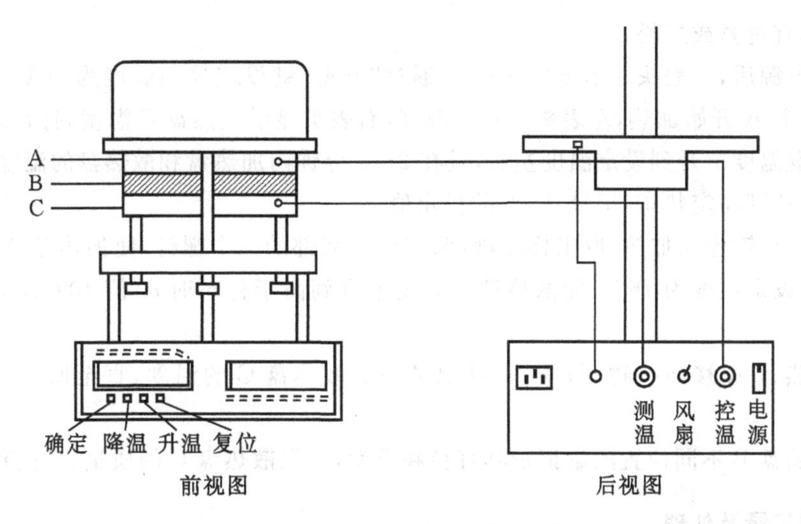

图 2-25 导热系数测定仪装置图

铜盘中间取出，并使A盘与C盘直接接触，对C盘直接加热，使C盘的温度升到比θ_2高10℃左右。然后将上铜盘A移开，使下铜盘C自然冷却，并记录其温度随时间变化的关系(冷却曲线)。将测得的数据作θ_2-t图，由图可求出C盘在温度θ_2处切线的斜率$\left.\frac{\mathrm{d}\theta}{\mathrm{d}t}\right|_{\theta=\theta_2}$，即为C盘在$\theta_2$时的冷却速率。而其散热速率等于

$$\frac{\delta Q}{\delta t}=mc\left.\frac{\mathrm{d}\theta}{\mathrm{d}t}\right|_{\theta=\theta_2} \tag{3}$$

式中：m为散热铜盘C的质量；c为其比热容。应该注意到，这个散热速率是C盘的表面全部暴露在空气中求得的，而样品盘B稳态传热时，C盘的上表面是被样品盘B覆盖着的，考虑到物体的冷却速率与它的表面积成正比，则稳态时，铜盘C的散热速率修正为

$$\frac{\delta Q}{\delta t}=mc\left.\frac{\mathrm{d}\theta}{\mathrm{d}t}\right|_{\theta=\theta_2}\frac{(\pi R_{\mathrm{C}}^2+2\pi R_{\mathrm{C}}h_{\mathrm{C}})}{2(\pi R_{\mathrm{C}}^2+\pi R_{\mathrm{C}}h_{\mathrm{C}})} \tag{4}$$

式中：R_{C}为铜盘C的半径；h_{C}为其厚度。将式(4)代入式(2)，可得导热系数为

$$\lambda=mc\left.\frac{\mathrm{d}\theta}{\mathrm{d}t}\right|_{\theta=\theta_2}\frac{(R_{\mathrm{C}}+2h_{\mathrm{C}})}{2(R_{\mathrm{C}}+h_{\mathrm{C}})}\frac{4h_{\mathrm{B}}}{(\theta_1-\theta_2)\pi d_{\mathrm{B}}^2} \tag{5}$$

四、实验装置

导热系数测定仪主要由加热装置、散热装置、控温和测温装置组成，如图2-25所示。待测样品盘B放在加热铜盘A和散热铜盘C之间，并保持紧密接触。A盘温度由单片机自动控制恒温，温度可设定在室温至80℃之间。样品盘B上、下表面的温度可用与其紧密接触的上、下铜盘A和C的温度代替。为保持系统周围温度均匀和稳定，在C盘下装有风扇以加速空气流动。仪器装有两个温度传感器，分别测量上、下铜盘A和C的温度，它们的一端分别插在A、C盘侧面的小孔内，另一端分别连接到仪器后面板的控温和测温端。测量到的温度显示在前面板上的数码显示窗口。温度传感器温度测量范围为-55～125℃。

五、实验内容及步骤

①将样品盘B放在加热盘A与散热盘C中间，调节C盘底部的三个微调螺钉，使三盘接

触良好,但不宜过紧或过松。

②开启电源后,左表头显示 b==·=,通过“升温”键设定控制温度为 76℃,再按“确定”键,此时加热盘 A 开始加热,左表头显示其温度,右表头显示散热盘 C 温度,打开风扇开关。

③加热盘温度上升到设定温度左右,且在 2～3 分钟内加热盘和散热盘的温度基本保持不变时,可认为达到稳定状态,记录 θ_1、θ_2 的稳定值。

④按“复位”键停止加热,取出样品盘,调节 C 盘底部的三个螺钉,使加热盘 A 和散热盘 C 接触良好,再设定温度为 76℃,使散热盘 C 温度上升到高于稳态时 θ_2 值 10℃左右,按“复位”键停止加热。

⑤将加热盘 A 移向一边,每隔 20 秒记录一次散热盘 C 的温度,直至低于 θ_2 值 7～8℃为止。

⑥在样品盘 B 不同位置测量记录其直径和厚度,抄录散热盘 C 的质量、直径和厚度。

六、数据记录及处理

稳态时加热盘和散热盘温度:$\theta_1=$　　　　　　　　$\theta_2=$

表 1　铜盘 C 在 θ_2 值附近冷却时,每隔 20 s 的 θ_2

t/s	0	20	40	60	80	100	120	140	160	180	…		
θ_2/℃													

表 2　R_C、h_C、m_C、R_B、h_B 各量的测量

测量次数	铜　盘　C			样　品　盘　B	
	直径 D_C/cm	厚度 h_C/cm	质量 m_C/g	直径 D_B/cm	厚度 h_B/cm
1					
2					
3					
4					
5					
平均值	13.00	7.66	891.42		

①利用表 1 中的数据,作 θ_2-t 图,从图中求得曲线在 θ_2 处的切线斜率值,即冷却速率 $\left.\frac{d\theta}{dt}\right|_{\theta=\theta_2}$。

②将 θ_1、θ_2、表 2 中的有关数据及 $\left.\frac{d\theta}{dt}\right|_{\theta=\theta_2}$ 的值代入式(5),计算导热系数 λ 值(铜的比热容 $c=385$J/(kg·K)。

七、注意事项

①为使实验系统周围环境保持相对稳定,散热铜盘下的风扇应一直打开,直到实验全部结束。

②在移动加热装置时应关闭电源，小心操作，以免烫伤。另外，还要注意防止传感器连接线的测量端从铜盘小孔中脱出。

八、思考题

①改变样品的形状，采用一些措施，能否利用本实验装置测量良导体的导热系数？为什么？

②测量 B 盘的厚度用游标卡尺，只有三位有效数字，为何不用千分尺？

③试根据 λ 的计算式中各实验测量值的有效数字的位数，指出产生误差的主要因素是什么？

④室温不同测得的 λ 值相同么？为什么？何时较大？

实验8　气体压力传感器特性研究及人体心率、血压测量

一、实验目的

①了解气体压力传感器的工作原理和特性。

②用气体压力传感器、放大器和数字电压表来组装数字式压力表，并用标准指针式压力表对其进行定标，完成数字式压力表的制作。

③了解人体心率、血压的测量原理，利用压阻脉搏传感器测量脉搏波形、心跳频率，用自己组装的数字压力表采用柯氏音法测量人体血压。

二、实验仪器及用具

FD-HRBP-A压力传感器特性及人体心率与血压测量实验仪由8个部分组成：①指针式压力表；②MPS3100气体压力传感器；③数字电压表；④100 ml注射器气体输入装置；⑤压阻脉搏传感器；⑥智能脉搏计数器；⑦血压袖套和听诊器血压测量装置；⑧实验接插线。

三、实验原理

压力(压强)是一种非电量的物理量，它可以用指针式气体压力表来测量，也可以用压力传感器把压强转换成电学量，用数字电压表测量和监控。本仪器所用气体压力传感器为MPS3100，它是一种用压阻元件组成的桥，其电路原理如图2-26所示。

给气体压力传感器加上+5 V的工作电压，气体压强范围为0～18 kPa，则它随着气体压强的变化能输出0～180 mV(典型值)的电压，在4 kPa时输出40 mV(min)；18 kPa时输出180 mV(max)。由于制造技术的局限，传感器在0 kPa时输出不为零(典型值±25 mV)，故可以在1、6脚串接小电阻来进行调整。

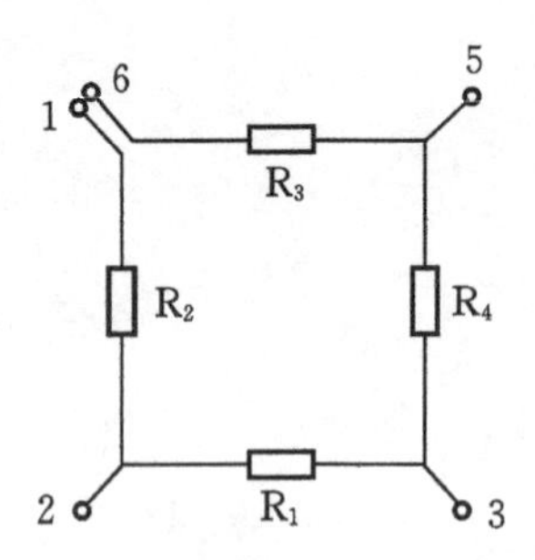

管脚	定义
1	GND
2	V+
3	OUT+
4	空
5	V−
6	GND

图2-26　MPS3100压力传感器电原理图

1. 理想气体定律

气体的状态可用如下三个量来确定：体积V，压强P，温度T。在通常大气环境条件下，气体可视为理想气体(气体压强不大)，理想气体遵守以下定律。

①波义耳(Boyle)定律：对于一定量的气体，假定气体的温度T保持不变，则其压强P和

体积 V 的乘积是一常数

$$P_1V_1 = P_2V_2 = \cdots = P_rV_r = 常数 \tag{1}$$

②气体定律：任何一定量气体的压强 P 和气体的体积 V 的乘积除以自身的热力学温度 T 为一个常数，即

$$\frac{P_1V_1}{T_1} = \frac{P_2V_2}{T_2} = \cdots = \frac{P_rV_r}{T_r} = 常量 \tag{2}$$

2. 心率和血压的测量

人体的心率、血压是人的重要生理参数，心跳的频率、脉搏的波形和血压的高低是判断人身体健康的重要依据。故测量人体的心率、血压也是医学院学生必须掌握的重要内容。

(1)心率、脉搏波与测量

心脏跳动的频率称为心率(次/分钟)，心脏在周期性波动中挤压血管引起动脉管壁的弹性形变，在血管处测量此应力波得到的就是脉搏波。随着电子技术与计算机技术的发展，脉搏测量不再局限于传统的人工测量法或听诊器测量法，利用压阻传感器对脉搏信号进行检测，并通过单片机技术进行数据处理，实现了智能化的脉搏测试，同时可通过示波器对检测到的脉搏波进行观察，通过脉搏波形的对比来进行心脏的健康诊断。这种技术具有先进性、实用性和稳定性，是生物医学工程领域的发展方向。

(2)血压与测量

人体血压指的是动脉血管中脉动的血流对血管壁产生的垂直于血管壁的压力。主动脉血管中垂直于血管壁的压力的峰值为收缩压，谷值为舒张压。血压是反映心血管系统状态的重要生理参数，因此其准确检测在临床和保健工作中越来越重要。临床上血压测量技术可分为直接法和间接法两种。间接法测量血压不需要外科手术，测量简便，因此在临床上得到广泛的应用。

血压间接测量方法中，目前常用的有两种，即听诊法(柯氏音法)和示波法。听诊法由俄国医生柯洛特柯夫(Korotkoff)在 1905 年提出的，迄今仍在临床中广泛应用。示波法测量血压的过程与柯氏音法是一致的，都是将袖带加压至阻断动脉血流，然后缓慢减压，其间手臂中会传出声音及压力小脉冲。柯氏音法是靠人工识别手臂中传出的声音，并判读出收缩压和舒张压，而示波法则是靠传感器识别从手臂中传到袖带中的小脉冲，并加以判别，从而得出血压值。考虑到目前医院常规血压测量还是用柯氏音法，所以本实验要求掌握的也是用柯氏音法测量人体血压。

四、实验内容及步骤

1. 气体压力传感器特性测量

(1)实验前准备工作

实验仪器如图 2 - 27 所示，实验前要开机 5 分钟，待仪器稳定后才能开始实验。注意实验时严禁加压超过 20 kPa。

(2)气体压力传感器 MPS3100 的特性测量

①气体压力传感器 MPS3100 输入端加实验电压(+5 V)，输出端接数字电压表，通过注射器改变管路内气体压强，使压力表读数分别为 4、6、8、10、12、14、16、18 kPa，测出气体压力

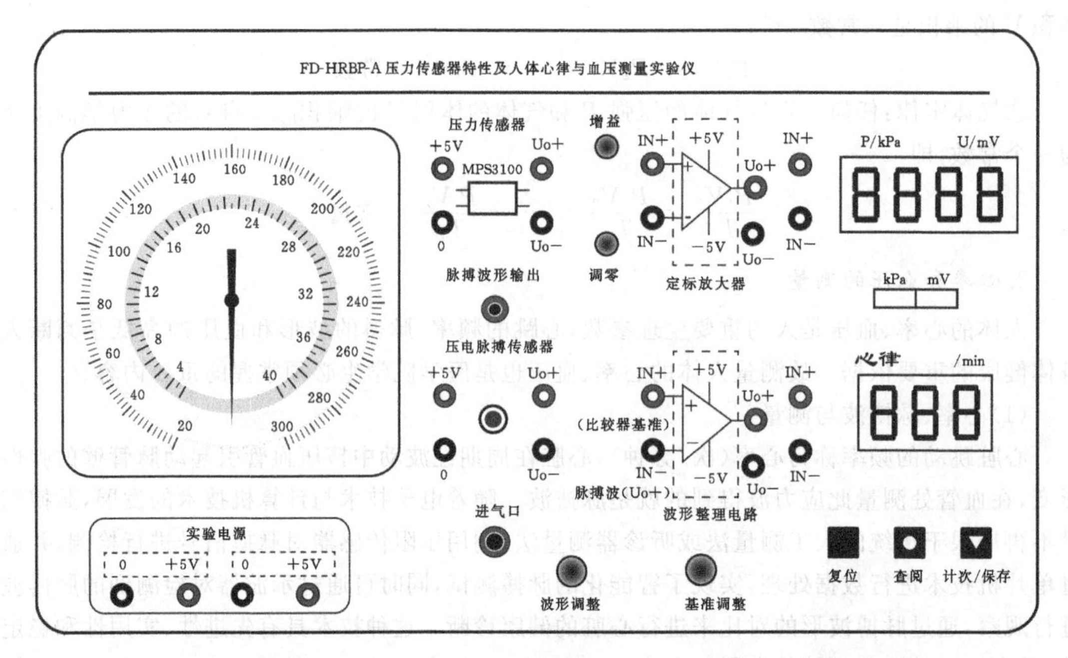

图 2-27 FD-HRBP-A 压力传感器特性及人体心率与血压测量实验仪

传感器的输出电压(测 8 点)。

②画出气体压力传感器的压强 P 与输出电压 U 的关系曲线,计算出气体压力传感器的灵敏度 A(即直线斜率)。

2. 数字式压力表的组装及定标

①将气体压力传感器 MPS3100 的输出与定标放大器的输入端连接,再将放大器输出端与数字电压表连接。

②气体压强为 4 kPa 与 18 kPa 时,反复调整放大器的调零与增益旋钮,使放大器输出电压在气体压强为 4 kPa 时为 40 mV,在气体压强为 18 kPa 时为 180 mV。

③将放大器零点与放大倍数调整好后,琴键开关按在 kPa 挡,组装好的数字式压力表可用于人体血压或气体压强的测量及数字显示。

3. 人体心率和血压的测量

(1)心率的测量

①将压阻式脉搏传感器放在手臂脉搏最强处,插口与仪器脉搏传感器插座连接,接上电源(+5 V),绑上血压袖套,把脉搏信号输入示波器观察脉搏波形。稍加些压力(压几下压气球,压强以示波器能看到清晰脉搏波形为准。如不用示波器,则要注意脉搏传感器的位置,调整到计次灯能准确跟随心跳频率)。

②按下“计次/保存”按键,仪器将会在规定的一分钟内自动测出每分钟脉搏的次数并以数字显示测出的脉搏次数。测 2 次求平均值。

(2)血压的测量

①采用典型柯氏音法测量血压,将测血压袖套绑在上手臂脉搏处,并把医用听诊器插在袖套内脉搏处。

②血压袖套连接管用三通接入仪器进气口；用压气球向袖套压气至 20 kPa，打开排气口缓慢排气，同时用听诊器听脉搏音(柯氏音)，当听到第一次柯氏音时，数字压力表的读数为收缩压；若排气至听不到柯氏音时，最后一次听到柯氏音时所对应的数字压力表读数为舒张压。

③如果舒张压读数不太肯定，可以用压气球补气至舒张压读数之上，再次缓慢排气来读出舒张压。

※选做实验　验证理想气体定律

①将注射器吸入空气拉管至 100 ml 刻线，注射器出口用气管连接至仪器气体输入口，此时若管道内的气体体积为 V_0，那么此时总的气体体积为 V_0+V_1(100 ml)，压力表显示压强为零(实际压强约为 760 mmHg 或 101.08 kPa)。

②将注射器内气体压缩，此时总的气体体积将减小，压强将升高。体积每减小 5 ml 测量一次管道内压强，至少测 5 次。则依次得 V_2+V_0, P_2；V_3+V_0, P_3；V_4+V_0, P_4；V_5+V_0, P_5。

③作 $\frac{1}{P_i+P_0} \sim V_i$ 直线图，求出斜率 K 和截距 KV_0，然后证明

$$(V_2+V_0)P_2=(V_3+V_0)P_3=(V_4+V_0)P_4=(V_5+V_0)P_5$$

验证波义耳定律。

五、数据记录及处理

①MPS3100 气体压力传感器的输出特性。

表1　MPS3100 气体压力传感器的输出特性

气体压强/kPa	4.0	6.0	8.0	10.0	12.0	14.0	16.0	18.0
输出电压/mV								

画出电压与压强的关系曲线，求出斜率，即灵敏度 A。

气体压力传感器灵敏度 A = ____________ mV/kPa

②心率测定　2 次平均心率____________次/min

血压测定　收缩压 ____________ kPa　____________ mmHg

舒张压 ____________ kPa　____________ mmHg

六、注意事项

①本实验仪器所用气体压力表为精密微压表，测量压强范围应在全范围的 3/5，即 18 kPa。微压表的 0～4 kPa 为精度不确定范围，故实际测量范围为 4～18 kPa。

②实验时，压气球只能在测量血压时应用，不能直接接入进气口；测量压力传感器特性时必须用定量输气装置(注射器)。

③严禁实验时加压超过 20 kPa(瞬态)。超过 20 kPa，微压表可能损坏！

实验9 声速的测量

在弹性介质中,频率高于 20 kHz 的机械纵波称为超声波。超声波能在固体、液体和气体中传播,且和一般声波的传播速度相同。超声波具有波长短、穿透本领强、易于定向发射等优点。因此,它在测距、定位、测液体流速和测量气体温度等方面有显著的优势,尤其是在临床医学中,超声、电子技术和计算机的完美结合,在研究人体内部组织超声物理特性和病变间的某些规律方面,已成为不可缺少的诊疗手段,并发展为一门边缘学科——超声诊断学。在医学上,无论是基础研究还是临床应用,测量超声波的传播速度都具有重要意义。

一、实验目的

①了解超声波的产生、发射和接收的原理;
②用驻波法、行波法和时差法测量空气中的声速;
③进一步熟悉示波器的使用;
④学习用逐差法处理测量数据。

二、实验仪器及用具

SV-DH-3A 型声速测定仪,GOS-620 型双踪示波器,SVX-7 综合声速测试仪信号源。

三、实验原理

1. 声波在空气中的传播速度

声波在理想气体中的传播速度为

$$v=\sqrt{\frac{\gamma RT}{M}} \tag{1}$$

式中:γ 是比热容比($\gamma=C_P/C_V$);R 是普适气体常数;M 是气体的摩尔质量;T 是热力学温度。从式(1)可见,温度是影响空气中声速的主要因素。如果忽略空气中的水蒸气和其它杂质的影响,在 0℃($T_0=273.15$ K)时的声速为

$$v_0=\sqrt{\frac{\gamma RT_0}{M}}=331.45\ \text{m/s}$$

在 t℃时空气中的声速为

$$v_t=v_0\sqrt{1+\frac{t}{273.15}} \tag{2}$$

式(2)中的室温 t 可从干湿温度计(见附录)上读出。由式(2)可计算出声速,式(2)可作为空气中声速的理论计算公式。

本实验采用压电陶瓷换能器作为超声波的发射器和接收器。压电陶瓷换能器的工作方式分为纵向(振动)、横向(振动)和弯曲(振动)三种,教学实验中大多采用纵向换能器,其结构如图 2-28 所示。压电陶瓷晶片是换能器的核心,它利用压电晶体的逆压电效应产生超声波,即在交变电压的作用下,压电晶体产生机械振动,因而在弹性介质(空气)中激发出声波,而利用

压电晶体的压电效应接收超声波。辐射头为喇叭状，使发射和接收超声波有一定的方向角，且能量比较集中。本实验的压电陶瓷晶片的振荡频率范围为 25～45 kHz，其产生的超声波的波长为毫米量级。

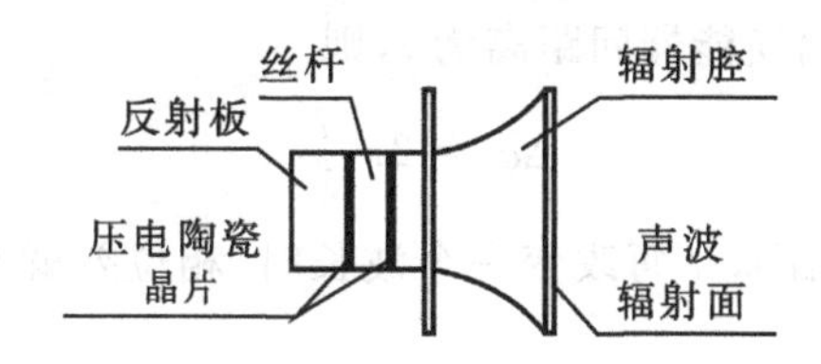

图 2-28　超声波纵向换能器的结构简图

2. 测量声速的实验原理

本实验是利用频率 f 与波长 λ 和声速 v 之间的关系，测量超声波在空气中的传播速度。声波的频率 f、波长 λ 和波速 v 之间的关系为

$$v = f\lambda \tag{3}$$

只要测出声波的频率和波长，就可以求出声速。其中声波的频率可通过测量声源（信号发生器）的振动频率得出。本实验测量声波波长采用的方法是：驻波法（共振干涉法）和行波法（相位比较法）。

（1）驻波法（共振干涉法）测量波长

如图 2-29 所示，由发射探头 S_1 发出的平面超声波在空气中传播，到达接收换能器 S_2 平面上反射，当两换能器端面之间的距离 Δl 恰为半波长的整数倍，即：$\Delta l = n\dfrac{\lambda}{2}(n=1,2,3,\cdots)$ 时，入射波和反射波叠加形成驻波。

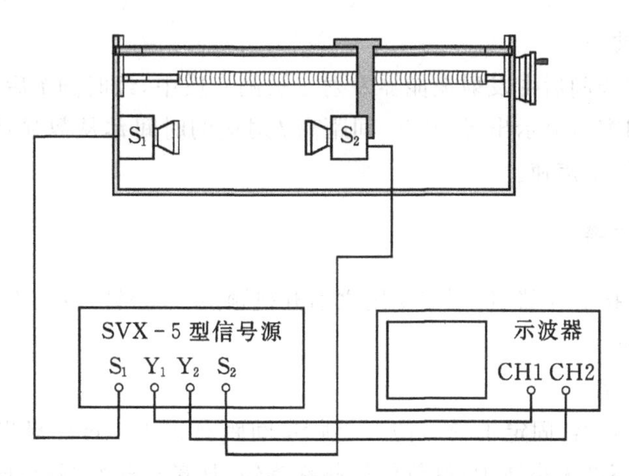

图 2-29　声速测试架、信号源及示波器连接图

驻波相邻两波节或两波腹间的距离为半波长（$\lambda/2$）。声波是纵波，在声驻波中，波腹（介质密度小）处声压小，接收换能器上输出的电压幅度也小；波节（介质密度大）处声压大，接收换能器上输出的电压幅度也大。因此，可根据换能器上输出电压的大小来求波长。当改变换能器间距离，示波器上所显示的波形幅值将发生周期性变化。每变化一个周期，换能器 S_1 和 S_2 间距离变化即为半个波长。实验时可移动游标尺，读出波形幅度最大时对应的一系列数值，用逐

差法求出波长 λ，超声波频率由信号发生器读出，则声速由式(3)求出。

(2)行波法(相位比较法)测量波长

当发射换能器 S_1 发出的超声波通过介质到达接收换能器 S_2 时，在任一时刻，发射波与接收波之间有一相位差 $\Delta\varphi$，设两换能器间距离为 l，则

$$\Delta\varphi = 2\pi \frac{l}{\lambda} \tag{4}$$

式(4)表明，当 S_1 和 S_2 之间的距离 l 每改变一个波长时，相位差就改变 2π，即可通过相位变化来求波长 λ。

相位比较法的实验装置如图 2-29 所示。将发射换能器 S_1 和接收换能器 S_2 的正弦电压信号分别输入示波器的 CH1、CH2 输入端，示波器置于“X-Y”状态。此时，在荧光屏上便显示出这两个相互垂直的谐振动叠加形成的李萨如图形。由于两信号的频率相同，故其图形为椭圆或斜线。图形变化与相位差 $\Delta\varphi$ 的关系如图 2-30 所示。

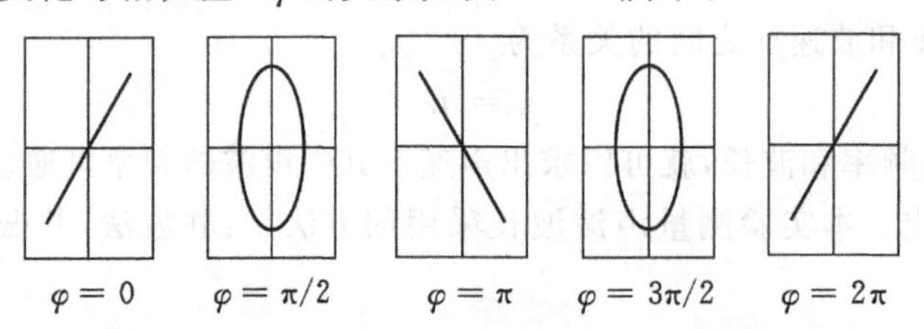

图 2-30 李萨如图形与两垂直简谐运动的相位差

实验时可选择合成图形呈斜直线时作为测量起点，当 S_1 和 S_2 之间的距离 l 每改变一个波长 λ 时，会重复出现同样斜率的直线，于是，读出一系列 l 值，可求出波长 λ，由式(3)算出声速 v。

(3)时差法测量波速

连续波经过脉冲调制后由发射换能器发射至被测介质中，经时间 t 后，到达距离 l 处的接收换能器。利用时间窗口显示出 S_1 到 S_2 间距离 l 对应的时间 t，从数显尺上读出 S_1 及 S_2 间的相对距离，即可计算出声速。

四、实验内容与步骤

①如图 2-29 连接好仪器，仪器在使用之前开机预热 10 分钟，自动工作在连续波方式，并观察 S_1 及 S_2 是否平行。

②测量谐振频率 f_0。

移动 S_2(S_1 为发射器，固定不动)，使 S_1 到 S_2 间距离约为 5 cm；调节信号源发射强度旋钮，使输出的正弦波幅度大小适中；调节信号频率旋钮，从最小开始调起，同时观察示波器接收到的输出信号波形，寻找到信号最强(电压幅度最大)处，此时信号源左下角信号指示灯最亮。这时的信号发生器的输出频率就是本系统的谐振频率(工作频率 f_0)。测量 3 次谐振频率，记录数据，求出平均值。

③用共振干涉法测波长。

观察示波器上信号的变化情况，选择一个信号幅度最大的位置(波节位置)作为测量起点，沿一个方向缓慢移动 S_2，依次记录 10 个波形幅度最大时刻游标尺上的读数，记入数据表格

中。注意，当 S_1 距 S_2 比较远时，接收到的信号将有所衰减。

④用相位比较法测波长。

将示波器 TIME/DIV 旋钮置于 X－Y 方式。缓慢移动 S_2，观察示波器出现的李萨如图形如图 2－30(比如 $\Delta\varphi=0$)所示。沿同一方向移动 S_2，依次记录 10 个重复出现相同图形时游标尺上的读数，记入数据表格中。

⑤用时差法测量声速(此步骤与示波器无关)。

将 S_1 与 S_2 之间距离调节至大于等于 50 mm，记录此时 S_2 的 l_1 和 T_1，再移动 S_2 至某一位置处，记录 l_2、T_2。若此时时间显示窗口数字变化较大，可缓慢移动 S_2，当时间显示稳定时再记录。测量 6 组数据，用下式计算声速

$$v=\frac{l_2-l_1}{T_2-T_1} \tag{5}$$

采用时差法测量比较准确，信号测量为随机测量，不会因为目测信号的大小而产生误差。测量结束后，由实验室的温度计上读取并记录室温 t。

五、数据记录与处理

表 1　共振干涉法测量波长

测量次数 i	位置 l_1/mm	测量次数 $i+5$	位置 l_2/mm	$\Delta l_i=l_{i+5}-l_i$/mm
1		6		
2		7		
3		8		
4		9		
5		10		

用逐差法处理数据，求出波长平均值，计算声速，并与标准值比较求百分误差，对结果进行讨论。

$$\bar{\lambda}=\sum_{i=1}^{5}2\Delta l_i/(5\times5)=\qquad \text{m},v=f\bar{\lambda}=\qquad \text{m/s},E_v=\frac{|v_{理}-\bar{v}|}{v_{理}}\times100\%=$$

表 2　相位比较法测量波长

测量次数 i	位置 l_1/mm	测量次数 $i+5$	位置 l_2/mm	$\Delta l_i=l_{i+5}-l_i$/mm
1		6		
2		7		
3		8		
4		9		
5		10		

用逐差法处理数据，求出波长平均值，计算声速，并与标准值比较求百分误差，对结果进行讨论。

$$\bar{\lambda} = \sum_{i=1}^{5} \Delta l_i/(5 \times 5) = \qquad \text{m}, v = f\bar{\lambda} = \qquad \text{m/s}, E_v = \frac{|v_{理} - \bar{v}|}{v_{理}} \times 100\% =$$

表 3　时差法测量声速

	1	2	3	4	5	6
T/s						
l/mm						
v/(m/s)						

由式(5)计算声速平均值,并与标准值比较求相对百分误差。

$$\bar{v} = \qquad \text{m/s}, \qquad E_v = \frac{|v_{理} - \bar{v}|}{v_{理}} \times 100\% =$$

六、注意事项

①S_1与S_2之间距离应选择在 50～100 mm 之间,太近或太远时信号干扰太大。测量过程中,S_2要始终朝一个方向移动,中间不要进进退退,否则会产生空程误差。

②由于随距离增加声波信号幅度会衰减,因此用驻波法和行波法测波长时,开始时信号幅度尽量调大些。

③实验完毕应关闭数显尺电源。

七、思考题

①超声波是如何产生的?它在临床医学和药学领域有哪些应用?(查找资料回答)

②准确测量谐振频率的目的是什么?

③能否用本实验的仪器和方法测定声波在其它媒质(液体和固体)中的传播速度?

④你能否用本实验的仪器和方法制作一个声速温度计?如果能,试说明原理和方法。

【附录】

干湿温度计

干湿温度计是用“干”和“湿”两支温度计配有相对湿度表组合而成的。干温度计用于直接测量室温下空气的温度。湿温度计的测温球上裹着湿纱布,其下端浸泡在水中。由于湿纱布上水分蒸发需要吸热,故湿温度计指示的温度要低于干温度计的示值。干湿两温度计的差值反映了环境空气湿度的大小。显然,两温度计的差值大,湿度低;两温度计的差值小,湿度大。利用干湿两温度计的温度差就可以测出环境空气的相对湿度。

使用方法:

①分别读出干、湿两温度计的示值。

②转动干湿两温度计下方的圆盘,用干球温度的示值(可动)对准湿球温度的示值(固定),然后观察圆盘下方的红箭头对准的读数,此读数即为相对湿度的百分数值。

附表　常见物质中的声速

物质	声速/(m/s)	物质	声速/(m/s)
氧气　0℃	317.2	水　20℃	1482.9
空气　0℃	331.45	甘油　20℃	1923
10℃	337.46	NaCl 4.8%溶液　20℃	1542
20℃	343.37	脂肪	1400
30℃	349.18	脑组织	1530
40℃	354.89	肌肉	1570
乙醇　20℃	1168.0	密质骨	3600
水银　20℃	1451.0	钢	5050

实验10 超声波在空气中的衰减系数和反射系数的测定

当声波在弹性媒质中传播时，声波的能量、声压、声强等随着传播距离的增大而逐渐减小，这种现象称为声波的衰减。测量声波在介质中的衰减系数，有助于了解声波在物质中传播的特性以及与物质的相互作用。尤其是使用超声仪器在医学临床诊断和治疗方面，了解超声波在人体中的传播规律有着重要的意义。

一、实验目的

①研究超声波在介质中的衰减规律；

②测定超声波在介质中的衰减系数和反射系数；

③学习用图示法处理数据；

④熟练掌握示波器的使用。

二、实验仪器及用具

SVX-7 多功能声速测定仪信号源，SV-DH-3A 型超声声速测定仪，GOS-620 型示波器。

三、实验原理

1. 共振干涉法(驻波法)

用共振干涉法测量声速的实验装置，如实验9中图2-29所示。当信号源输出的正弦波接到发射换能器 S_1 上时，换能器的表面发出超声波。该超声波到达接收换能器 S_2 上，一部分被反射。当两个换能器端面的距离恰好为半波长的整数倍时，入射波与反射波相互叠加形成驻波。驻波相邻两个波节或波腹间距离为半个波长。由于在弹性介质中超声波是纵波，可用声压对其进行描述。接收器将接收到的声压转换成电压信号，并由示波器显示出其电压值。要说明的是：在超声驻波中，波腹处声压小，接收器输出的电压幅值小；波节处声压大，接收器上输出的电压幅值大(理论证明见附录)。这样可以根据换能器输出电压信号幅度的大小来求波长，这就是共振干涉法测声速的原理。本实验应用共振干涉法测量超声波在空气中的衰减系数和反射系数。

2. 超声波的衰减规律

不同性能的超声波在不同的介质中传播时有不同的衰减方式，但衰减规律都是相同的，如图2-31所示。

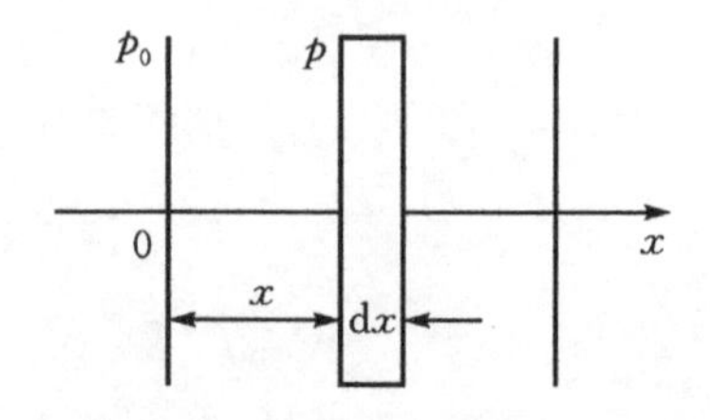

图2-31 超声波的衰减

设单色平面超声波通过均匀媒质沿 x 轴正向传播。在 $x=0$ 时声压为 p_0，在通过距离入射面为 x 处的薄层 $\mathrm{d}x$ 后，其声压的变化量为 $-\mathrm{d}p$，并设 $\mathrm{d}p$ 与进入薄层时的声压 p 和通过的媒质厚度 $\mathrm{d}x$ 成正比，即

$$-\mathrm{d}p \propto p\mathrm{d}x$$

写成等式为

$$-\mathrm{d}p = \alpha_p p \mathrm{d}x \tag{1}$$

式中：α_p为比例系数，称为声压衰减系数，它与媒质的性质、超声波的频率等因素有关。

整理式(1)并积分

$$\int_{p_0}^{p} \frac{\mathrm{d}p}{p} = -\alpha_p \int_0^x \mathrm{d}x$$

得

$$p = p_0 \mathrm{e}^{-\alpha_p x} \tag{2}$$

式(2)显示了超声波的声压衰减规律，可见声压随距离的增加按指数规律衰减。已知声强 I 和声压 p 的平方成正比，故声波的衰减规律又可用声强来表示，即

$$I = I_0 \mathrm{e}^{-2\alpha x} \tag{3}$$

式中：α 为超声波的衰减系数。由式(3)可见，声强随距离的增加也是按指数规律衰减的。指数函数是物理学和生物医学中常见的函数形式。

3. 测量原理

在声速测量装置中，是利用接收器作为反射面的，由理论推导可知，超声波接收器接收到的合成波的振幅为

$$A = A_0(1+r)\mathrm{e}^{-\alpha x} \tag{4}$$

式中：r 为超声波的反射系数。

因为超声波发射换能器和接收换能器是由同一种材料制成，且形状大小基本相同，所以有

$$\frac{A}{A_0} = \frac{U}{U_0} \tag{5}$$

式中：U_0 是信号发生器输出的(用示波器显示的发射端电压)电压值；U 是示波器显示的接收端电压值。

设超声波接收器在任意波节(声压最大处)x_i 处时，示波器显示的电压为 U_i，则根据式(4)两边取自然对数得

$$\ln \frac{A}{A_0} = \ln(1+r) - \alpha x \tag{6}$$

令

$$y = \ln \frac{A}{A_0} = \ln \frac{U}{U_0},\ b = \ln(1+r)$$

则(6)式可写为

$$y = b - \alpha x \tag{7}$$

显然，式(7)为一直线方程，其截距为 b，斜率为 $-\alpha$。可利用直线拟合的方法测量超声波在介质中的衰减系数 α 和反射系数 r。在式(4)和式(5)中令 $x=0$，则有

$$r = \frac{U'}{U_0} - 1 \tag{8}$$

式中：U'是超声波发射端面与接收器端面相接触时示波器显示的电压值。显然，利用式(8)可计算出超声波接收器表面的反射系数 r。

四、实验内容与步骤

①按实验 9 中的图 2 - 29 连接电路，打开示波器的电源，在其处于正常工作状态后对其进行校准。

②调节超声波发射换能器端面与接收器端面间距为 5 cm；调节信号发生器的输出电压和

频率,使其处于共振状态,记录共振频率 f_0;在已校准好的示波器上测量其共振状态时对应的电压值 U_0。

③移动超声波接收器 S_2 的位置,在示波器上测量 16 组波峰位置的电压值 U_i 和声速测量仪上对应的坐标值 x_i。

④调节超声波接收器使其接收面 S_2 与发射端面 S_1 无压力接触,测量示波器显示的电压值 U'。

五、数据记录与处理

表 1 不同位置处波峰的电压值

<table>
<tr><td>共振频率 f_0/kHz</td><td colspan="8"></td><td colspan="3">U'/V</td><td colspan="5"></td></tr>
<tr><td>x_i/mm</td><td></td><td></td><td></td><td></td><td></td><td></td><td></td><td></td><td></td><td></td><td></td><td></td><td></td><td></td><td></td><td></td></tr>
<tr><td>U_i/V</td><td></td><td></td><td></td><td></td><td></td><td></td><td></td><td></td><td></td><td></td><td></td><td></td><td></td><td></td><td></td><td></td></tr>
</table>

①根据测量数据,在坐标纸上以 x 为横坐标,U 为纵坐标,画出 $U-x$ 曲线,以验证超声波随距离按指数衰减的规律。

②利用上述数据作 $\ln U/U_0-x$ 图线,求出衰减系数 α 和反射系数 r。

③根据 $U-x$ 曲线求出衰减系数 α。当电压值 U_0 减至原值 U_0 的一半时,超声波所穿过的空气厚度为 $x_{1/2}$,此时

$$\frac{U_0}{2}=U_0\mathrm{e}^{-\alpha x_{1/2}},2=\mathrm{e}^{\alpha x_{1/2}}$$

整理得

$$\ln 2=\alpha x_{1/2} \qquad \alpha=\frac{\ln 2}{x_{1/2}}=\frac{0.693}{x_{1/2}} \tag{9}$$

只要从曲线上找到与 $U_0/2$ 相对应的 $x_{1/2}$,由式(9)即可求得 α 值。

六、注意事项

①预习时,要认真仔细地阅读实验 14 有关示波器使用的内容。

②实验前先调好示波器,使其处于正常工作状态再开始测量。

③测量过程中,缓慢稳定地朝一个方向移动 S_2,中间不能倒退。

七、思考题

①总结超声波在空气中的衰减规律。

②推导出声强衰减系数与声压衰减系数之间的关系。

【附录】

流体中平面余弦声波的声压公式推导

如图 2-32 所示，设超声波以速度 v 从左向右沿 x 轴正向传播，在垂直于声波传播方向上，取一个面积为 s，厚度为 $\mathrm{d}x$ 的空气层，并设该薄层左边的声压为 p，薄层右边的声压为 $p+\mathrm{d}p$，这时作用在该薄层的合力为

$$ps-(p+\mathrm{d}p)s=-s\mathrm{d}p \tag{10}$$

设 u 为质点的振动速度，ρ 为空气密度，则该空气薄层的质量为 $\rho s\mathrm{d}x$，根据牛顿第二定律有

$$-s\mathrm{d}p=\rho s\mathrm{d}x\frac{\mathrm{d}u}{\mathrm{d}t}$$

即

$$-\frac{\mathrm{d}p}{\mathrm{d}x}=\rho\frac{\mathrm{d}u}{\mathrm{d}t} \tag{11}$$

对于平面简谐波，质点的位移为

$$y=A\cos\omega\left(t-\frac{x}{v}\right) \tag{12}$$

质点的振动速度

$$u=\frac{\mathrm{d}y}{\mathrm{d}t}=\omega A\cos\left[\omega\left(t-\frac{x}{v}\right)+\frac{\pi}{2}\right] \tag{13}$$

设声压

$$p=B\cos\left[\omega\left(t-\frac{x}{v}\right)+\varphi\right] \tag{14}$$

将式(13)、(14)代入式(11)得

$$-B\frac{\omega}{v}\sin\left[\omega\left(t-\frac{x}{v}\right)+\varphi\right]=-\rho A\omega^2\sin\left[\omega\left(t-\frac{x}{v}\right)+\frac{\pi}{2}\right]$$

由以上等式可知 $B=\rho A\omega v$，$\varphi=\frac{\pi}{2}$，则

$$p=\rho\omega Av\cos\left[\omega\left(t-\frac{x}{v}\right)+\frac{\pi}{2}\right] \tag{15}$$

比较式(13)和式(15)可知，声压与质点振动的速度同相位。因质点振动的速度 u 与位移 y 的相位差为$\frac{\pi}{2}$。故声压与位移的相位差亦为$\frac{\pi}{2}$，因此，在驻波的波腹处其声压为最小，即质点位移为极大值时，声压为极小值；质点位移为极小值时，即波节处，声压为极大值。

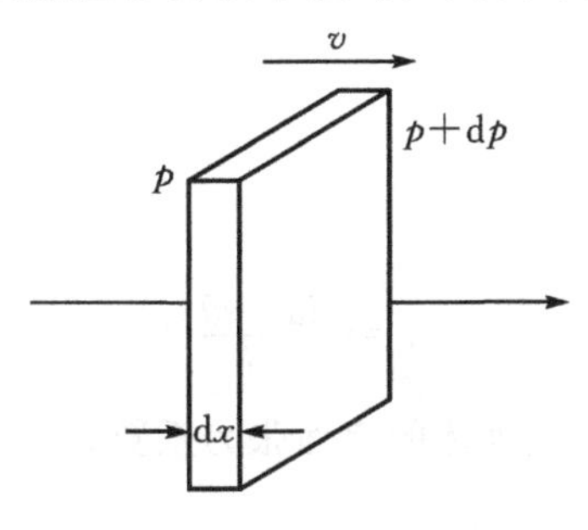

图 2-32 推导声压公式示意图

第2章设计性实验

大学物理实验的任务就是通过实验教学开发学生智力,培养与提高学生的科学实验能力和素养。与常规实验相比,设计性实验为学生提供了良好的实践条件和机会,更利于调动学生学习的积极性和主动性,对于培养学生独立获取知识,激发学生的聪明才智和创造性思维,培养学生分析问题和解决问题的能力,具有重要意义。

每一章后面安排的设计性实验,是在完成本章实验任务的基础上提出的一些带有应用性质和设计性的实验内容,学生可根据实际情况,运用前面所学的知识和技能,自行查阅资料,确定实验方案和方法(如设计线路、拟定实验方案、选配仪器和用具等),由实验和观测获取数据,经过处理和分析得出结论,最后写出实验报告。

因设计性实验要求学生在给定的时间内独立完成,所以,在实验内容和项目的选择上具有综合性、探索性和可行性的特点。而对于少数学有余力的同学或起点高的学生,可根据各自的专业特点,在实验器材允许的情况下尝试设计与本专业有关的实验课题。视实验内容的难易程度,经任课教师审查确定后,实验也可分几次进行,完成后实验报告可以小论文的形式提交。

总之,希望通过这样初步的设计性实验的训练,提高学生的实验兴趣,发挥学生的主观能动性,使学生的科学实验能力和素养得到进一步提高。

本章给出两个与医学、药学有关的实验题目以供选择。

设计实验1　液体密度的测定

【任务和要求】

①对同一种待测液体设计两种测定液体密度的方法(除本教材介绍的实验方法外)。

②推导出实验原理公式,拟定实验步骤。

③对测量结果的误差进行比较分析,写出实验报告。

【实验仪器及用具】

奥氏黏度计,焦利天平装置,读数显微镜,温度计,烧杯,秒表,毛细管,待测液体和蒸馏水等。

【原理提示】

①比较法(用奥氏黏度计)。

②毛细管法。实验公式为

$$\rho=\frac{2\alpha\cos\theta}{rgh}$$

式中:r是毛细管的管半径;α为待定液体的表面张力系数。

设计实验2　研究圆形换能器声场的分布特性

【任务和要求】

①查找有关资料，拟定实验方案和步骤；

②测出实验数据，描绘出圆形换能器声场的分布特性曲线；

③从曲线上进行分析，总结出圆形换能器声场的分布特点及其在医学成像方面的应用。

【实验仪器及用具】

超声声速测定仪，GOS-620示波器，SVX-7声速测定仪信号源，干湿温度计等。

【原理提示】

①参照实验10的实验原理；

②查阅《医学物理学》和《影像物理学》有关内容资料。

第3章 电磁学实验

电磁学实验在物理实验中占有重要的地位。物理实验中许多经典的实验方法，如模拟法、补偿法、比较法和换向测量法等在电磁学实验中得到广泛应用。在电磁学实验中，同学们应着重训练自己正确使用电学仪器和仪表，正确连接线路和分析实验故障的能力，熟悉并掌握电磁学实验的一般方法和技能等，以便加深对电磁学概念和规律的理解。

实验11 电流表改装与万用电表的使用

在现代科学技术的应用中，电学测量起着非常重要的作用。无论是在物理、化学还是在生物医学、药学的各种精密测量中，都要使用电子仪表，涉及到电学量的测量。本实验通过对电表原理、结构的讨论以及对一些电学量的测量，使同学们进一步了解各电学元件在电路中的作用及测量方法，为今后正确使用电子仪表和仪器奠定基础。

Ⅰ 电流表的改装与校准

一、实验目的

①学习把微安表头改装成较大量程的毫安表与电压表的原理和方法；

②学会校准电流表和电压表。

二、实验仪器及用具

磁电式微安表(100 μA)，直流伏特表，直流毫安表，滑线变阻器，标准电阻箱(2个)，稳压电源，开关，导线等。

三、实验原理

1.将电流计表头改装为毫安表

把用于改装的电流计(微安表)称为表头，表头的线圈具有一定的电阻，称为电流计的内阻，用 R_g 表示；允许通过表头的最大电流称为电流计的量程，用 I_g 表示，即是电流计表针偏转到满刻度时的电流值。因电流计表头只能测量小于 I_g(微安数量级)的电流，要想测量大于 I_g 的电流，就必须对表头进行改装，扩大表头量程，扩大的方法就是在表头上并联一个分流电阻 R_s，如图3-1所示，使超过表头量程部分的电流从分流电阻 R_s 上通过，而表头仍保持允许通过最大电流 I_g。

图中 R_g 和 R_s 组成改装后的电流表，显然，R_s 值越小，分流就越多，改装后的表头量程就越大。设改装表电流的量程为 I，根据欧姆定律

$$(I-I_g)R_s = I_g R_g \quad , \quad R_s = \frac{I_g R_g}{I-I_g}$$

若 $I=nI_g$，则

$$R_s = \frac{R_g}{n-1} \tag{1}$$

可见，要想把表头的量程扩大 n 倍，只需在表头上并联一只 $R_s=\frac{R_g}{n-1}$ 的分流电阻即可。

2. 将电流计表头改装为伏特表

由于电流计表头有内阻 R_g，当通过电流 I_g 时，它两端的电压为 $U_g=I_gR_g$，可见电流计也可用来测电压，但它只能测小于 $U_g=I_gR_g$ 的电压，要想测量大于 U_g 的电压，就必须改装表头，给它串联一个分压电阻 R_d，如图 3-2 所示，使超过表头量程的那部分电压降在分压电阻 R_d 上，而表头上的电压仍为 $U_g=I_gR_g$。

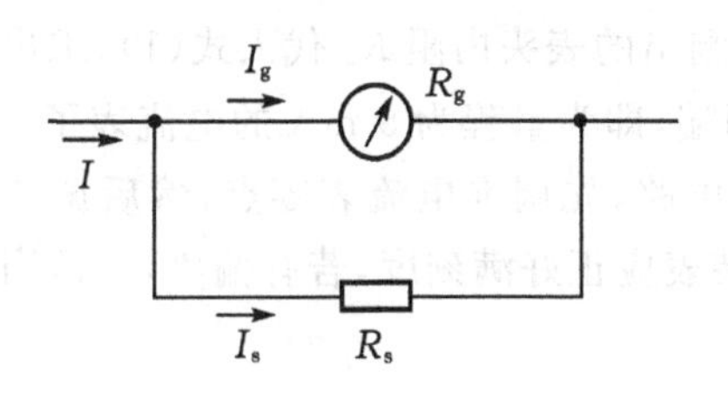

图 3-1 电流表扩大量程

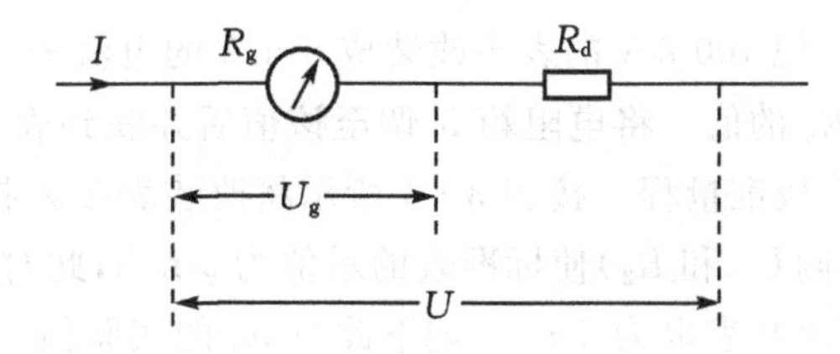

图 3-2 电压表扩大量程

设改装的电压表量程为 U，由欧姆定律得

$$I_gR_g + I_gR_d = U$$

$$R_d = \frac{U}{I_g} - R_g \tag{2}$$

上式又可写为 $R_d=(n-1)R_g$，式中 n 为所扩大量程的倍数。可见，要把表头改装成量程为 U 的电压表，只要在表头上串联一只阻值为 R_d 的分压电阻即可。

四、实验内容与步骤

1. 测量表头的内阻 R_g

把一个微安表头改装成电流表或电压表，首先须测出表头的内阻。本实验采用替代法测量表头内阻，测量电路如图 3-3 所示。

①按图 3-3 连接好电路，合上开关 K_1，并将 K_2 与"1"接通。调节滑线变阻器 R_1，逐渐增大 U_{bc}，使标准表指针接近某一整数，细调电阻箱 R_2 使指针对准表盘上该整数值 I_0，此时被测表头正好满刻度。

②将 K_2 与"2"接通，保持 U_{bc} 和 R_2 不变，以电阻箱代替待测表，调节电阻 R_0，使标准表的示值保持不变，读出电阻箱上的阻值 R，即为被测表头的内阻 R_g。重复测量三次，求出 R_g 的平均值。

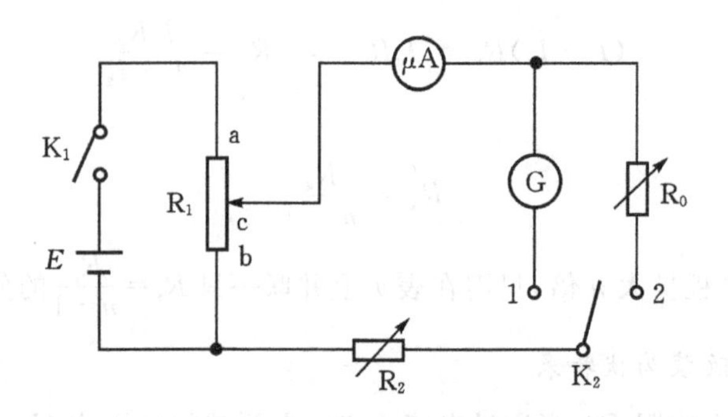

图 3-3 测量表头内阻的电路

2. 电流表的改装与校准

①把 100 μA 的表头改装成 5 mA 的电流表。将测出的表头内阻 R_g 代入式(1),求出分流电阻 R_s 的值。将电阻箱 R 调至该值后并联到表头两端,即为量程为 5 mA 的电流表了。

②校准量程。按图 3-4 所示将改装表接入校准电路,先调准电流表零点,然后调节电路电流(调 U_{bc} 和 R_2)使标准表的示值为 5 mA,此时改装表应正好满刻度,若有偏离,可适当调节 R_s,使改装表也为 5 mA,记下此时 R_s 的实验值。

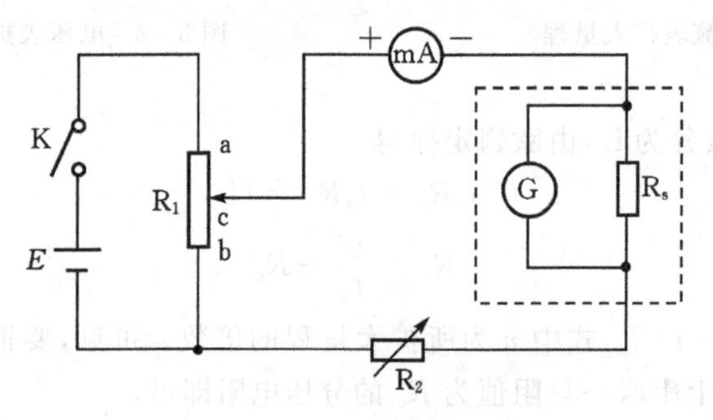

图 3-4 电流表校准电路

③作校准曲线。保持 R_s 不变,调节电路电流,使改装表示值 I_x 依次为 5、4、…、1 mA,记录标准表的相应读数值 I_s。以改装表读数为横坐标,以标准表的读数为纵坐标,在坐标纸上绘出电流表的校准曲线。

3. 电压表的改装与校准

①把 100 μA 的表头改装成 5 V 的电压表。根据表头的量程 I_g(100 μA)和测得的内阻 R_g 以及需要改装的电压表的量程 U(5 V),代入式(2),计算出串联电阻 R_d 的值,将电阻箱电阻调到该值后与表头串联即为量程是 5 V 的电压表。

②校准量程。按图 3-5 所示连接好电路。接通电源,调节滑线变阻器使标准表的读数为 5 V,这时改装表指针也应指在满刻度位置,若有偏离,可适当调节 R_d 使其满刻度,记下此时 R_d 的值。

③保持 R_d 不变,调节滑线变阻器,使改装表示值 U_x 依次为 5、4、…、1 V,记录标准表的相应电压值 U_s。

④以改装表读数为横坐标，以标准表的读数为纵坐标，在坐标纸上绘出电压表的校准曲线。

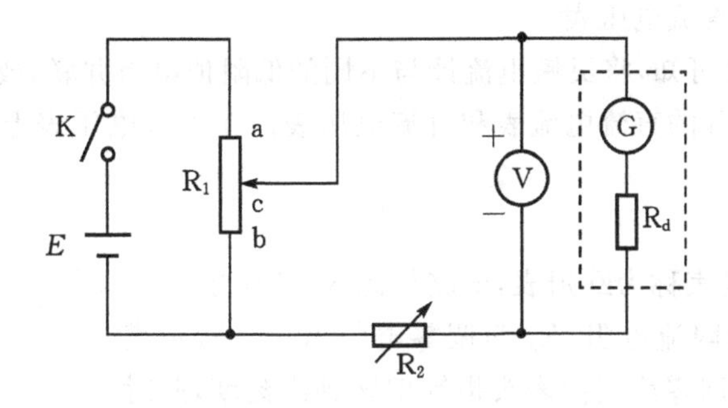

图 3-5　电压表校准电路图

五、注意事项

①连接电路时，电流表应串联在电路中，电压表应并联在电路中；

②接好电路后仔细检查电源、电流表、电压表的极性，确定正确无误后再接通电源。

六、思考题

①除用本实验的替代法测量表头内阻以外，还能用什么方法测量表头的内阻？

②校准电表时，若发现改装表的读数相对于标准表的读数偏高或偏低，采取什么措施才能达到标准表的数值？为什么？

Ⅱ　万用电表的使用

一、实验目的

①掌握指针式万用电表的结构和原理；

②学习正确使用指针式万用电表和数字式万用电表的方法；

③掌握分压电路和限流电路的连接特点及用途。

二、实验仪器及用具

MF40 型指针式万用电表，MS8201H 型数字式万用电表，直流稳压电源（或甲电池），滑线变阻器，电路测试板，电容，电感，导线等。

三、实验原理

万用电表是一种多用途的电学测量仪表，可方便地测量交直流电压、电流及电阻，较先进的电表还可以测量电容、电感、晶体管参数和温度等。目前使用的万用电表有指针式和数字式两种。

1. 指针式万用电表

指针式万用电表的型号很多，板面布置亦不尽相同，从其结构来看，都是由表头、转换开关和测试电路三部分组成。表头为磁电式灵敏电流计,表头与不同的测量电路相结合可实现不同的测量目的,通过转换开关可以有目的地选择不同的测量电路。

(1)直流电流表和直流电压表

由图 3-1 和 3-2 可知,将灵敏电流计与不同的低阻值电阻并联,或与不同的高阻值电阻串联,便可得到不同量程的直流电流表和直流电压表。在直流电压表上加一个整流器就可以测量交流电压了。

(2)欧姆表

用来测量电阻的电表称为欧姆表,电路如图 3-6 所示。R'_g 为等效表头内阻,R_i 为限流电阻,R_0 为调零电位器。当欧姆表的两表笔短接时,调节调零旋钮使表头指针偏转到满刻度,此时电路中的电流最大。可见,欧姆表的零点是在表头刻度盘的满刻度处,它正好与电流表和电压表的零点相反。

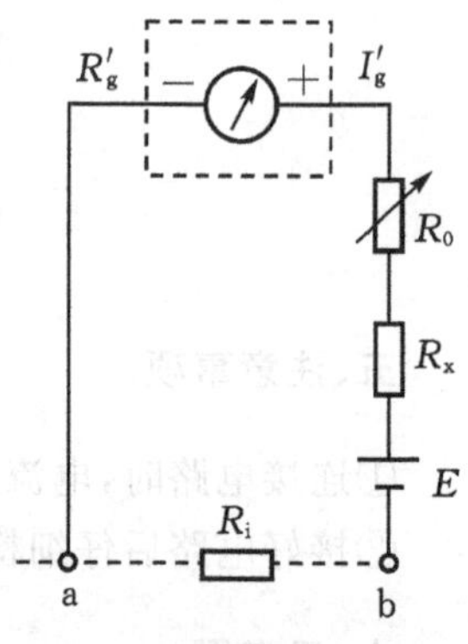

图 3-6 欧姆表原理电路图

当待测电阻 R_x 接入电路后,电路中的电流为

$$I=\frac{E}{R'_g+R_0+R_x+R_i} \tag{3}$$

式中 E、R'_g、R_i 一定时,电流 I 只与 R_x 有关,R_x 不同则 I 不同,灵敏电流计指针偏转亦不同。因此,依据指针的偏转角度,在表的刻度盘上标出其相对应的电阻值,这样就制成能够测量电阻的欧姆表。由式(3)可见,I 与 R_x 是非线性关系,故欧姆表的刻度是非均匀的。R_x 越大,刻度线间隔越小。

将电流表、电压表和欧姆表的几种电路组合起来,就构成了多用途的指针式万用电表。通过转换开关便可选择不同的测量项目及量程,完成不同的测量内容。

2. 数字式万用电表

数字式万用电表是根据模拟量与数字量之间的转换来完成测量的,其优点是将测量结果直接用液晶数字显示出来,灵敏度高,读数方便,其功能主要由直流电压变换器、模/数(A/D)转换器、计数器、显示器和逻辑控制电路等部分实现。直流电压变换器的作用是把被测量(如电流、电阻等)变为电压;A/D 转换器则把电压转换成数字量;计数器对数字量进行计算,再将计算结果经过译码系统送往显示器进行数字显示;逻辑控制电路主要是对整机进行控制以及协调各部分工作,并使其能自动重复测量。

四、仪器介绍

1. 指针式万用电表

图 3-7 为 MF40 型万用电表的外形。指针式万用电表的型号繁多,外形大小各异,但它们的原理及使用方法基本相同。

(1)测量电阻

① 将万用电表水平放置,选择开关旋至"Ω"挡的适当量程,将黑红两表笔短接,旋转调零旋钮,使指针指向电阻零点。

② 在两表笔之间接入待测电阻,从表盘 Ω 刻度线上读出电阻的阻值。若指针偏转过小,

更换较小的量程,调零后再测量。

实际测量值=表针示数×倍数

(2)测直流电压

① 将选择开关旋至直流电压的适当量程上(开始可选择较大量程,根据指针偏转情况逐渐地减小量程,以便精确测量)。

② 将红表笔"+"接待测电路高电势一端;黑表笔"−"接低电势的一端(与被测电路并联),根据所选量程进行读数。

(3) 测交流电压

①将选择开关旋至交流电压的适当量程上(所选量程应大于被测值)。

②将两表笔接在被测电路两端,根据量程进行读数。

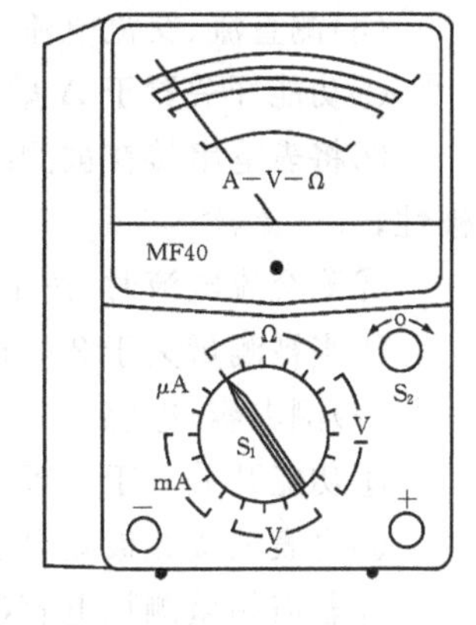

图 3-7 指针式万用电表

(4)测直流电流

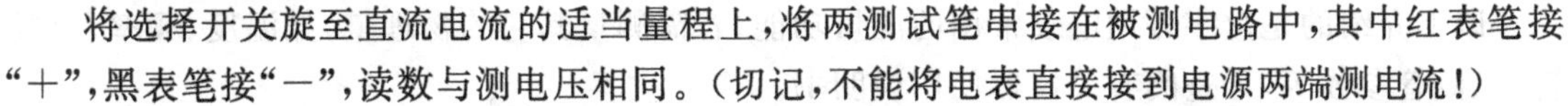

将选择开关旋至直流电流的适当量程上,将两测试笔串接在被测电路中,其中红表笔接"+",黑表笔接"−",读数与测电压相同。(切记,不能将电表直接接到电源两端测电流!)

2. 数字式万用电表

MS8201H 型数字式万用电表的外形如图3-8所示。

①LCD 显示器,最大显示 1999(三位半);

②L/C 按钮,用于电容和电感测量;

③电源按钮;

④功能和量程选择开关;

⑤面板;

⑥电池盖;

⑦10 A 插座;

⑧−‖−、Ω、℃、A、V、Hz、H 插座;

⑨COM 插座;

⑩交直流转换按钮;

⑪背景光源按钮;

⑫读数保持按钮。

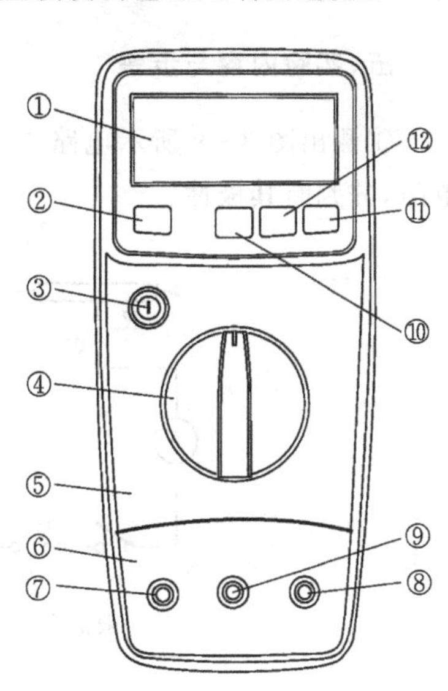

图 3-8 MS8201H 型数字式万用电表

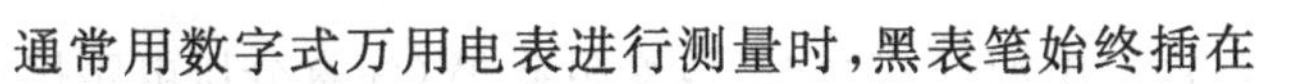

通常用数字式万用电表进行测量时,黑表笔始终插在 COM 插孔,红表笔插在⑧插孔内(10 A 电流除外)。

(1)测电阻

①将量程开关旋至欲测的 Ω 量程位置;

②将表笔接在被测电阻或线路两端进行测量,直接在 LCD 显示器上读数。

(2)测直流、交流电压

①功能选择开关置于 V 量程位置;

②将两表笔并接在电压源或负载两端进行测量;

③显示器上直接读数,极性显示将表示红表笔所接端的极性;

④测量交流电压时,只需按下"DC/AC"键,将表切换到交流测量状态,其余操作同上。

(3)测直流、交流电流

①功能开关置于 A 量程位置；

②将表笔串接在被测线路中进行测量，在显示器上读数，此时极性显示为红表笔所接端的极性；

③测交流电流时，按下“DC/AC”键，将表切换到交流测量状态，其余操作同上；

④当被测量大于 200 mA，小于 10 A 时，需将红表笔插入 10 A 插孔。

(4)测电容、电感

①功能开关置于电容或电感(F 或 L)量程位置，并按下“DC/AC”键；

②将表笔接在被测电容(电感)两端进行测量；(注：电容需在完全放电后再进行测量)

③若需频繁测量电容(电感)，可将 MS8201 多功能测试座上两插头插入 COM 插孔和电容(电感)插孔，被测电容(电感)引脚分别插入测试座上两长插孔内，即可进行电容(电感)测量。

以上介绍的是数字万用电表常用的测量功能，若需测量其它的物理量，如温度、频率、二极管、三极管参数等，可查阅有关仪器使用说明书。

五、实验内容与步骤

①测出图 3-9 所示电路中 R_1、R_2 的阻值及 R_1、R_2 串并联的阻值；测量二极管的正、反向电阻，并判断其极性。

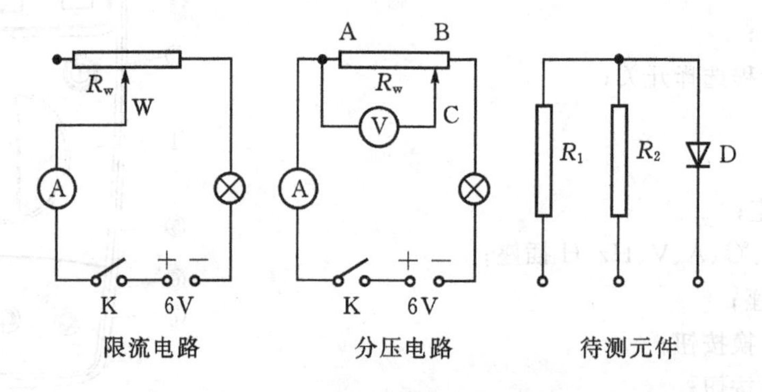

图 3-9 实验电路板

②按图 3-9 中分压电路的要求，接上电源(6 V)和滑线变阻器 W(注意分压电路接法)。接通开关 K，先用万用表测出总电压 U_{AB}，然后将表接入 AC 之间，改变滑动端 C，分别测出 AC 为 $\frac{3}{4}$AB、$\frac{1}{2}$AB、$\frac{1}{4}$AB 时 U_{AC} 的值。

③按图 3-9 中限流电路的要求，将万用电表串接在电路中，改变滑动端 W，观察小灯泡亮度变化及电路中电流的变化情况，测出小灯泡最亮时的电流。

六、数据记录与处理

以上内容均用指针式和数字式两种电表测量。自行设计数据表格，并将两种电表的测量结果进行比较，总结出其优缺点。

七、注意事项

①指针式万用电表测电阻时，被测电路不能带电；换挡要重新调零。

②改变量程时，应将表笔与测试电路断开。

③数字表显示“1”时，表示超量程，应选择高挡量程。

④当预先不知道被测量大小时，应将量程开关置于最高挡，并逐渐减小挡位。

⑤测量结束，将选择开关置于交流电压挡，切记关闭数字表电源。

八、思考题

①欧姆表的刻度是怎样标度的？有什么特点？

②限流电路和分压电路在连接时有何不同？

③何谓限流电路和分压电路的安全位置？为什么在电路接通之前滑线变阻器必须处于安全位置？

实验12　惠斯通电桥测电阻

测量电阻的常用方法之一是电桥测量法。电桥测电阻是将待测电阻与标准电阻进行比较以确定其数值。与其它测电阻方法相比较，电桥测量法具有测试灵敏、准确度高和使用方便等优点，因此被广泛地应用于电子电工技术和非电量的测量中。

电桥分为直流电桥和交流电桥两大类。直流电桥又分为单臂和双臂电桥。单臂电桥（又称惠斯通电桥）主要用于精确测量中值电阻（$1\sim10^6\ \Omega$）；双臂电桥（又称开尔文电桥）适于测低值电阻。

本实验主要学习直流单臂电桥即惠斯通电桥测电阻的方法。

一、实验目的

①掌握惠斯通电桥测量电阻的原理和方法；

②了解电桥的测量误差及灵敏度；

③了解金属电阻温度计的测温原理；学习用图解法求金属电阻温度系数。

二、实验仪器及用具

QJ－24型直流单臂电桥，万用电表，待测电阻元件板，盛水容器及待测金属电阻，电磁炉，温度计，烧杯，导线等。

三、实验原理

1. 惠斯通电桥的工作原理

惠斯通电桥测电阻的原理如图3－10所示，图中的标准电阻R_a、R_b、R和待测电阻R_x连接形成封闭的四边形ABCD，每一边称作电桥的一个“桥臂”，对角点A、C与B、D分别接电源E支路和检流计G支路。接有检流计的对角线BD被称作“桥”。一般情况下，B点的电势和D点的电势不相等，则检流计上有电流通过，其指针发生偏转。若适当调节四个桥臂的电阻值，使检流计中无电流（$I_G=0$）通过，这时称为“电桥平衡”。

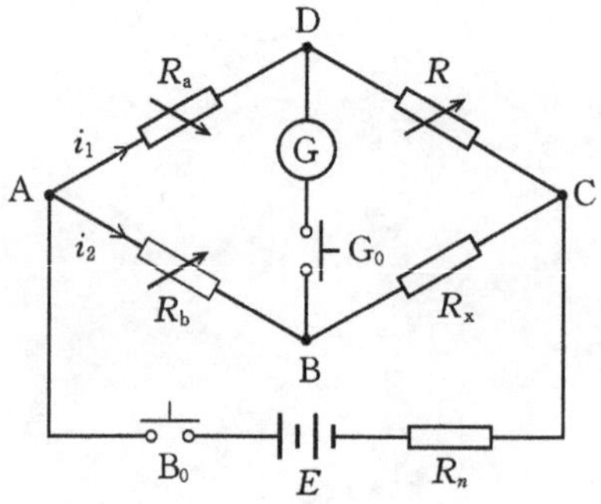

图3－10　惠斯通电桥原理图

电桥平衡时，表明D、B两点的电势相等，则有

$$U_{AD}=U_{AB}\quad 或\quad i_1R_a=i_2R_b \tag{1}$$

$$U_{DC}=U_{BC}\quad 或\quad i_1R=i_2R_x \tag{2}$$

将上两式相除得

$$R_x=\frac{R_b}{R_a}R \tag{3}$$

式(3)就是电桥的平衡条件。式中的R_b/R_a称为比率。根据公式(3)，由三个标准电阻的阻值就可求出待测电阻R_x的值。这就是惠斯通电桥测量电阻的原理。

2. 电桥的测量误差

以 QJ－24 型单臂电桥为例，在规定的使用条件(如环境温度为 5～35℃、相对湿度为 40%～70%、电源电压偏离额定值不大于 10%、绝缘电阻符合要求等)下，电桥的允许基本误差为

$$E_{\lim} = \pm \frac{c}{100}\left(\overline{R}_x + \frac{R_b/R_a \cdot R_N}{10}\right) \tag{4}$$

式中：c 为准确度等级指数，它主要反映电桥中各标准电阻的准确度，同时还与测量范围、电源电压和检流计的精确度有关，对于 QJ－24 型电桥，当量程比率在×0.001 挡时，$c=1$；比率在×0.01～×10 挡之间，$c=0.1$；比率在×100 挡时，$c=0.5$；R_N 为基准值，教学实验可取为 5000 Ω。物理实验可不考虑实验条件偏离使用条件所附加的误差，通常可把 $E_{\lim}$ 的绝对值作为测量结果的仪器误差(即 $E_{\lim}=\Delta R_{仪}$)。

3. 金属导体的电阻温度系数

金属导体的电阻随温度的升高而增大，一般在温度不太高的情况下，金属电阻值与温度呈线性关系，即

$$R_t = R_0(1+\alpha t) \tag{5}$$

式中：R_t 为金属在温度 t ℃时的电阻值；R_0 为金属在温度 0 ℃时的电阻值；α 为电阻温度系数，其物理意义为金属的温度相对 0 ℃每升高 1 ℃时，其电阻对于 R_0 的相对变化量；α 与金属材料及其纯度有关。对本实验所用的金属铜棒来说，在－50～100℃的范围内，α 可视为常数。实验时只要测出一组不同温度 t ℃所对应的电阻值 R_t，并以 R_t 为纵坐标，温度 t 为横坐标，做出 R_t-t 图线，从图中求出直线斜率 $\Delta R/\Delta t$，即可求出 α 值。利用外推法，将直线延长使其与纵轴相交，交点(截距)即为 0 ℃时的电阻 R_0 值。在实际应用中，利用式(5)可以制成金属电阻温度计。

四、仪器介绍

本实验用 QJ－24 型直流单臂电桥来测量电阻，电桥测量电阻原理见图 3－11，面板结构如图 3－12 所示。现结合面板图将它的使用方法介绍如下：

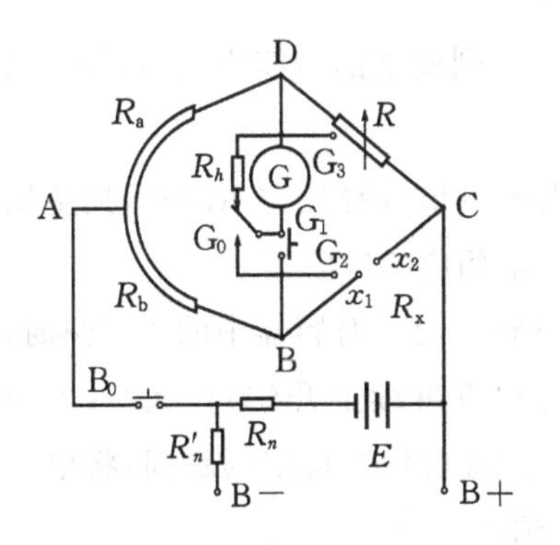

图 3－11　电桥测电阻原理图

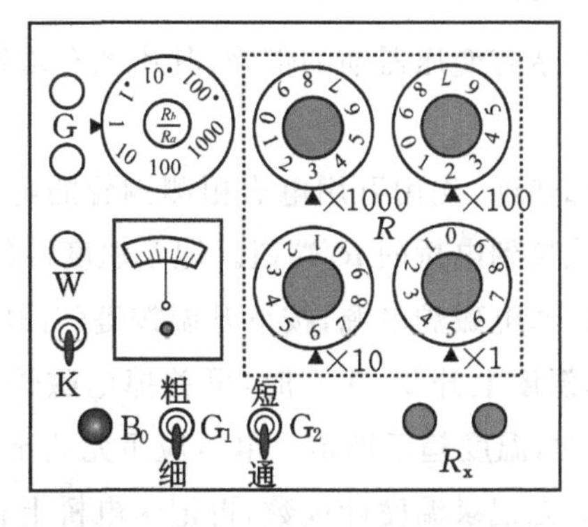

图 3－12　QJ－24 型电桥面板图

①仪器面板上的 R_x处为接入待测电阻端钮。

②图 3－12 中右侧的 4 个转盘是“转盘电阻箱”,用来调节 R,它由 4 个可变电阻器串联而成。

③面板图左上角的转盘为比率转盘,它的指示值表示比率 R_b/R_a 的值,R_b和 R_a称为比率臂。为了读数方便,在制作时将比率转盘做成 0.001、0.01、0.1、1、10、100、1000 等 7 挡。

④检流计在面板图的左下方,用来指示电桥平衡与否,其上有一个机械调零装置。W 为电桥电气调零电位器;K 为放大器电源开关,接通 K,通过左右旋转 W 来调节指针的“零点”。

⑤电源及检流计开关:B_0为电桥电源按钮开关,实验中不要将此开关旋转锁定,而应断续按下,以避免电流热效应引起的阻值变化,同时也防止电池很快耗尽。G 为外接检流计端钮(供鉴定时用)。G_1是检流计的粗、细开关;G_2为检流计接通、短路开关,也作为外接检流计的开关。

五、实验内容与步骤

1. 用惠斯通电桥测量固定电阻

①认真阅读实验 11 中万用电表的使用,然后用万用电表的欧姆挡测量电阻 R_x的值。

②根据 R_x的数值,选择恰当的比率 R_b/R_a,为了保证测量数据有 4 位有效数字,标准电阻 R 的四个转盘必须全用上,即比率的选择为:千欧级电阻选“1”,百欧级电阻选“0.1”,其余类推。

③将待测电阻 R_x接到电桥的 R_x端钮上,调节转盘电阻 R 的各挡数值至万用电表的粗测值,同时按下电源开关 B_0,观察检流计指针的偏转情况,偏向“＋”侧,需增加 R 值,偏向“－”侧,则需减少 R。从千位数开始,逐挡调节,缩小 R 取值范围,直到检流计指针指零为止。

④记录转盘电阻 R 的数据,将 R 乘以比率 R_b/R_a 的示值,即可得待测电阻 R_x的值。用同样的方法测量两个固定电阻,每个电阻重复测量 3 次。

2. 测定金属电阻的温度系数

①将装有变压器油的铜管(其中插有水银温度计),放到盛水的钢筒中,再将钢筒放在电磁炉上。

②加热前,先用万用电表粗测铜管的电阻值,根据所测值选择比率 R_b/R_a,把金属电阻的两个引线接到电桥的 R_x端钮。记录温度计的温度并测量相应的电阻值。

③接通电磁炉电源,按下升温按键(有高、中、低三挡)。通常对容器中的水加热时使用中、低挡,当温度上升 2～3 ℃时,可关掉电磁炉电源,此时温度继续上升(为什么?),大约上升到 4～5 ℃时,温度趋于稳定。电桥应事先调至接近平衡,在温度保持稳定的瞬间,将电桥迅速调到平衡。先记录温度计读数,再记录电桥上相应的 R_t 值。

④重复步骤③,直到水温上升到 80 ℃以上,合理采集 10 组以上数据。

六、数据记录与处理

1. 固定电阻的测量

表1 固定电阻的测量

测量次数	比率$\frac{R_b}{R_a}$	R/Ω	$R_x=\frac{R_b}{R_a}R/\Omega$	$\Delta R'_x=\lvert R_x-\overline{R_x}\rvert/\Omega$	$R_x=\overline{R_x}\pm\Delta R_x/\Omega$
1					
2					
3					
平均值			$\overline{R_x}=$	$\Delta\overline{R}'_x=$	

每个电阻测3次，并写出测量结果的标准表达式，即

$$R_x=\overline{R_x}+\Delta R_x$$

其中

$$\Delta R_x=\sqrt{(\Delta\overline{R}'_x)^2+(\frac{\Delta R_{仪}}{\sqrt{3}})^2}$$

式中：$\Delta R_{仪}=E_{lim}$为仪器误差，见公式(4)。

2. 金属电阻随温度变化

表2 金属电阻与温度的关系

温度 $t/℃$										
电阻 R_t/Ω										

根据表2的数据，用作图法处理数据，作R_t-t图线，用图解法求出截距和斜率，即求出R_0和α的数值，并与α'进行比较，求出百分误差，即

$$E_r=\frac{\lvert\alpha-\alpha'\rvert}{\alpha'}\times100\%$$

式中：$\alpha'=4.33\times10^{-3}℃^{-1}$，为本实验所测铜管的电阻温度系数的公认值。

七、注意事项

①为保护检流计，在使用按钮开关时，用手指压紧时应断续接通，而不要“旋死”。每次调节电阻盘R值后接通电路，如遇检流计指针偏转较大时，应立即松开按钮开关B_0。

②实验完毕应检查电源是否关闭，电桥各按钮开关是否均已松开，否则会损坏仪器。

③实验时在给容器盛水和倒水的过程中，应将盛油的铜管平放在烧杯上，不要倾斜，避免油流出，污染仪器。

八、思考题

①有同学先将待测电阻接到电桥的R_x位置上，然后再用万用表欧姆挡测量其阻值，这样操作是否正确？说出理由。

②若待测电阻 R_x 的一头未接，电桥是否能够调到平衡？

附表　某些金属的电阻率及温度系数

名　称	电阻率 ρ /($\times 10^{-6}\,\Omega\cdot$cm)	温度系数 α /($\times 10^{-5}$℃$^{-1}$)
银	1.47(0℃)　1.16(20℃)	430
铜	1.55(0℃)　1.70(20℃)	433
金	2.01(0℃)　2.20(20℃)	402
铝	2.44(0℃)　2.74(20℃)	460
钨	4.89(0℃)　5.44(20℃)	510
锌	5.65(0℃)　6.17(20℃)	417
铁	8.70(0℃)　9.80(20℃)	651
铂	9.59(0℃)　10.42(20℃)	390
铅	19.2(0℃)　21.0(20℃)	428
黄铜	8.00(18～20℃)	100

实验13 静电场的模拟

在现代科学仪器的研制中，常常需要确定带电体周围的电场分布情况。如对各种示波管、显像管、电子显微镜的电子枪等多种电子束管内电极形状的设计和研究，都需要了解其电极间的静电场分布。医学研究和临床应用中常用电子仪器在不同部位测量体表电位差随时间的变化(心电图、脑电图、肌电图等生物电信号)，就是采用静电学的方法。但是，直接对静电场进行测量是很困难的，首先，静电场不存在电流，磁电式电表失去效用；其次，当测量探针进入静电场中后，探针上会产生感应电荷，而感应电荷产生的电场与原静电场叠加，致使原电场发生畸变。为了克服直接测量的困难，一般常采用间接测量方法——模拟法。

模拟法在本质上就是用一种易于实现、便于测量的物理状态或过程来模拟不易实现、不便测量的状态或过程，只要这两种状态或过程有一一对应的两组物理量，并且它们所满足的数学形式及边界条件相似。模拟法是在试验和测量难于直接进行时常采用的方法。

一、实验目的

①学习用模拟法测绘静电场的分布。

②加深对电场强度和电势概念的理解。

③了解用模拟法进行测量的特点和适用条件。

二、实验仪器

GVZ-4型箱式导电微晶静电场描绘仪一套，静电场描绘仪专用电源一台，信号连接线等。

三、实验原理

本实验是利用电流场来模拟静电场。根据电磁学理论，均匀导电媒质中稳恒电流场与均匀电介质(或真空)中的静电场具有相似性。在电流场的无源区域中，电流密度矢量$\boldsymbol{J}$满足

$$\oiint_s \boldsymbol{J}\cdot \mathrm{d}\boldsymbol{S}=0 \quad 和 \quad \oint_l \boldsymbol{J}\cdot \mathrm{d}\boldsymbol{l}=0 \tag{1}$$

在静电场的无源区域中，电场强度矢量$\boldsymbol{E}$满足

$$\oiint_s \boldsymbol{E}\cdot \mathrm{d}\boldsymbol{S}=0 \quad 和 \quad \oint_l \boldsymbol{E}\cdot \mathrm{d}\boldsymbol{l}=0 \tag{2}$$

由式(1)和式(2)可见，电流场中的电流密度矢量$\boldsymbol{J}$和静电场中的电场强度矢量$\boldsymbol{E}$所遵循的物理规律具有相同的数学形式，所以这两种场具有相似性。在相似的场源电荷分布和相似的边界条件下，它们的解的表达式也具有相同的数学形式。因此，可以用均匀导电媒质中稳恒电流的电流场来模拟均匀电介质中的静电场。

在实验室中，模拟法的适用条件比较容易满足，例如，导电媒质的均匀性、使导电媒质的电导率远小于电极的电导率、导体的表面是等势面等。因此，用电流场来模拟静电场是了解和研究静电场的最简便的方法之一。

将两个与电源相连的金属电极放到不良导体中，在它们之间即建立起电流场。这两个电

极就相当于静电场中的静电荷或带电体。如果不良导体是均匀的、电导远小于电极电导的导电微晶(或自来水等),它就相当于静电场中的均匀介质。这样,电流场就相当于静电场了。

在电流场中,有无数个电势彼此相等的点,测出这些等势点,将它们连成面就是等势面。通常情况下,电场都分布在三维空间中,但采用导电微晶(或水、导电纸)进行模拟实验时,测出的只是电场在一个平面内的分布,因此,等势面就成了等势线。再根据等势线与电场线处处垂直的关系,即可画出电场线,而这些电场线上每一点的切线方向,就是该点的电场强度矢量 $\boldsymbol{E}$ 的方向。这样,通过稳恒电流场的等势线和电场线就能形象地表示静电场的分布情况。

四、实验内容与步骤

描绘一个尖劈形电极和一个条形电极形成的静电场分布。GVZ-4 型静电场描绘仪实验原理如图 3-13 所示。

①将静电场描绘仪专用电源的指示选择开关打向校正,用电压调节旋钮将直流电调至10 V,再将此开关打向测量。

②用电场描绘仪中的劈尖和条形电极装置,将接到外接线柱上的两电极引线与直流电源接通。

③将专用电源的控制线与测试笔相连。

④用测试笔在导电微晶上找到测试点后,在坐标纸上记录对应的标记,在导电微晶上移动测试笔测出一系列等势点。

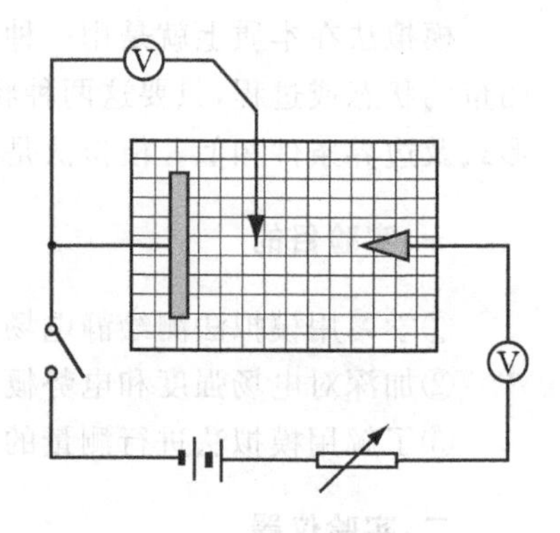

图 3-13 实验原理示意图

要求:相邻两等势线之间的电势差为 1 V,共测 9 条等势线,每条等势线找 10 个以上的等势点,尤其在电极端点附近应多找几个等势点。用曲线板将等势点连成 9 条光滑的等势线(画细实线),然后画出 10 条以上的电场线(画虚线)。电场线的画法应遵循电场的一些基本性质:

①电场线与等势线正交;

②导体表面是等势面;

③电场线垂直于导体表面;

④电场线发于正电荷而止于负电荷;

⑤疏密度要表示出电场强度的大小。

根据电极正负(或根据电势的高低)画出电场线的方向。

五、注意事项

①用测试笔在导电微晶上找测试点时要轻微移动,以免划伤导电微晶表面。

②保持导电微晶表面清洁,保证导电微晶具有良好的导电性和均匀性。

③电极附近应多找几个等势点,即探测点应密集一点。

六、思考题

①靠近导体处的电场线是如何分布的?为什么?

②什么是模拟实验方法?它的适用条件是什么?

③电源电压增加(减小),等势线、电场线的形状是否变化？电场强度和电势的数值是否变化？如何变化？

实验14 示波器的原理和使用

示波器是利用示波管内的电子束在电磁场中发生偏转,来显示随时间变化的电信号的一种观测仪器。它不仅能够定性观察电信号随时间变化的动态过程,而且可以定量测量各种电学量,如电压、频率、相位等。若配置相应的传感器,就可用于各种非电学量的测量,如压力、温度、声光信号、临床医学检测人体的电信号(血压、心电、肌电、脑电等信号)等。因此,示波器在各个学科领域中得到了广泛的应用。随着现代数字技术的引入,示波器的性能更加完善,具有高清晰度的智能化示波器将为现代工农业生产、教学和科研提供更强有力的测量手段。

一、实验目的

①了解示波器的基本结构和工作原理;

②掌握用示波器观察电信号波形的方法;

③学习用示波器测量电信号的电压和频率。

二、实验仪器及用具

GOS-620型双轨迹示波器,变压器,整流滤波电路板,导线等。

三、实验原理

1.示波器的基本结构

示波器的型号、规格很多,但无论何种示波器,其基本结构主要由示波管、电子放大系统、控制电路、扫描电路、电源等部分组成,如图3-14所示。示波管又称阴极射线管,是示波器的关键部件,它主要包括电子枪、偏转系统和荧光屏三个部分。电子枪由灯丝、阴极、控制栅极、第一阳极、第二阳极组成。灯丝通电后加热阴极,被加热后的阴极发射的电子流经过栅极,在第一阳极、第二阳极电场的作用下加速并聚焦形成一束很细的电子束。偏转系统由两对互相垂直的水平偏转板和竖直偏转板组成,称为X、Y偏转板。当在偏转板上加上一定的电压时,在此电场作用下,电子束的运动方向将发生偏转。荧光屏位于示波管前端。电子束轰击到涂有荧光物质的玻璃屏上时会发光,显示出一个清晰的亮点,将输入的待测信号转换为可见光图形以便进行观测。

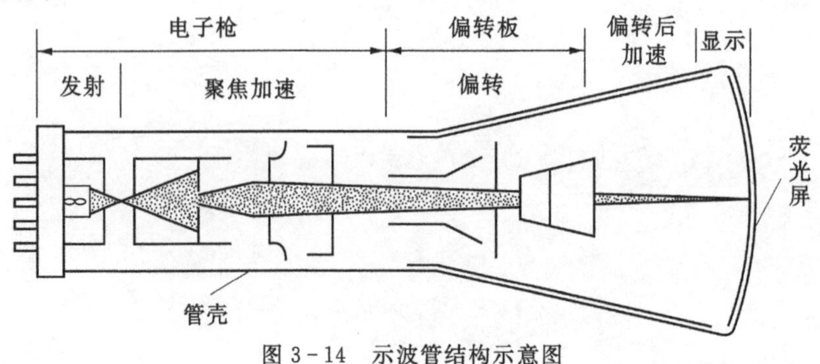

图3-14 示波管结构示意图

2. 示波器显示波形的原理

当示波器的两对偏转板不加任何信号时，荧光屏上只出现一个光点。若在 Y 偏转板上加上信号电压，则电子束的亮点将随电压的变化在竖直方向来回运动，如果频率较高，则看到一条竖直亮线。若只在 X 偏转板上加上信号电压，在频率较高时，屏上只看到一条水平亮线。为了观察待测信号的波形，通常在 X、Y 偏转板同时加入信号，电子束将在两个相互垂直信号电压合力的作用下朝着合力方向偏转。通用的示波器内部在 X 偏转板上加有锯齿状的信号电压 U_X，如图 3－15 所示。

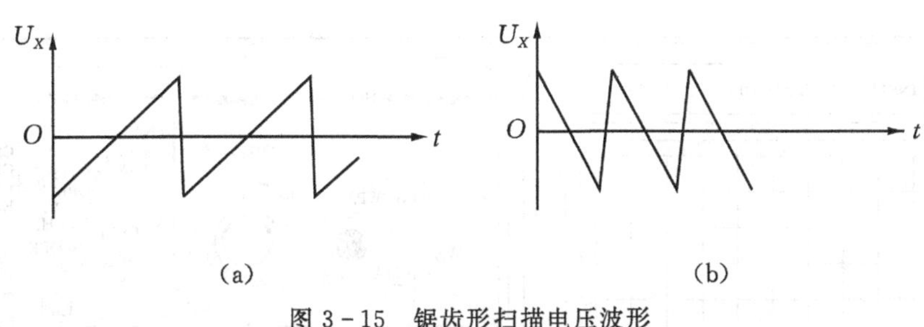

图 3－15　锯齿形扫描电压波形

(a)正向；(b)负向

锯齿波电压在一个周期内，从零开始随时间线性地增加到峰值，而后突然降到零值，随后就周而复始地进行这样的变化，它使光点匀速地从左向右作周期性运动，这个过程称为"扫描"。当锯齿波电压频率足够高且 Y 轴无信号时，在荧光屏上出现一条水平亮线——时间基线，这种扫描方式为直线扫描。若同时在 Y 偏转板加上作为时间函数的待测信号电压 U_Y，设 U_X 和 U_Y 的周期相同，U_X 和 U_Y 的值分别对应光点偏离 X 轴和 Y 轴的位置。当扫描电压在一个周期内变化，由于锯齿形电压的扫描作用，使得光点在荧光屏上扫过一个完整波形时，U_X 迅速降为零，从而使光点迅速向左偏移，回到扫描起点，继续下一个周期的变化，光点则随之在荧光屏上描绘出 Y 轴输入的波形。示波器显示波形的原理如图 3－16 所示。

如果待测信号和锯齿波电压的周期稍有不同，荧光屏上出现的将是移动着的不稳定图形。为了得到稳定且完整的待测信号波形，待测信号的频率(或周期) f_y 与扫描电压频率 f_x 应满足条件 $f_y = nf_x$ ($n=1, 2, 3, \cdots$)，这时荧光屏上将显示 n 个完整信号波形，这一过程称为同步。为了有效地使显示的波形稳定，目前多数示波器都采用触发电路和扫描电路来达到同步的目的。当输入的待测信号电压上升到触发电平时，锯齿波发生器便开始扫描，扫描的快慢由扫描速度选择旋钮控制，这样显示的波形非常稳定。GOS－620 型示波器

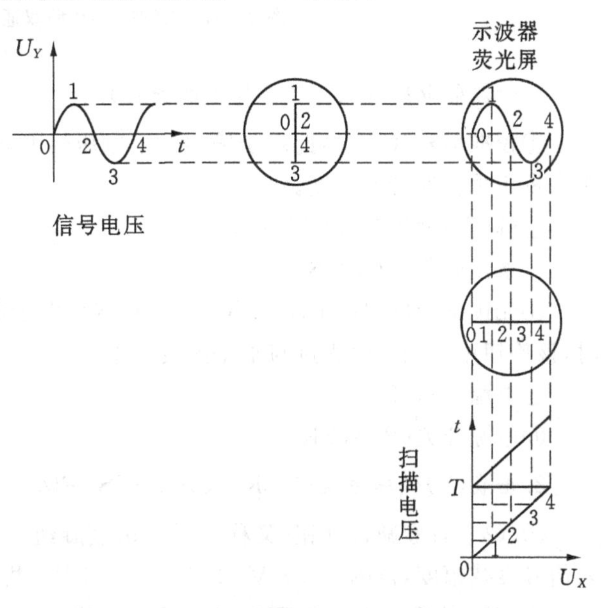

图 3－16　示波器显示波形的原理

就是采用的这种同步方式。

四、仪器介绍

本实验使用的是 GOS－620 型双通道示波器，如图 3－17 所示。下面分几部分介绍示波器面板各旋钮功能。

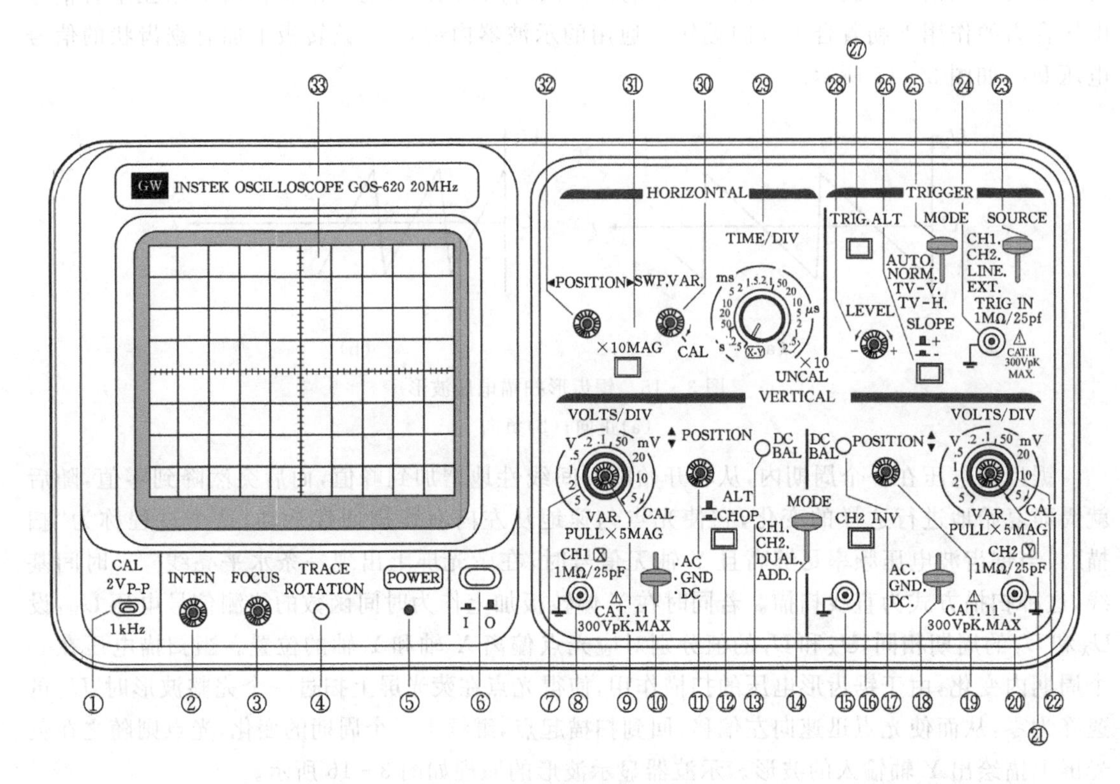

图 3－17　GOS－620 型双通道示波器面板图

1. *示波管电路*(CRT 显示屏下的旋钮)

①校准信号(CAL)：此端子输出一个电压幅度峰峰值为 2 V、频率为 1 kHz 的方波信号，用来校正垂直偏转灵敏度。

②辉(亮)度调节(INTEN)。

③聚焦调节(FOCUS)。

④光迹旋转旋钮(TRACE ROTATION)：由于磁场的作用，当光迹在水平方向稍微倾斜时，该旋钮用于调节使光迹与水平刻度线平行。

⑤电源指示灯。

⑥电源开关(POWER)。

2. *垂直(Y)偏转系统*(VERTICAL SYSTEM)

⑦、㉒垂直衰减选择钮(又称 Y 轴灵敏度旋组 VOLTS/DIV)：用以选择 CH1 及 CH2 的输入信号衰减幅度，范围为 5 mV /DIV～5 V/DIV，共 10 挡。

⑧CH1 的垂直输入端 CH1(X)：在 $X-Y$ 模式中，为 X 轴的信号输入端。

⑳ CH2 的垂直输入端 CH2(Y)：在 X－Y 模式中，为 Y 轴的信号输入端。

⑨、㉑垂直微调旋钮(灵敏度微调旋钮 VARIABLE)：能连续改变垂直电压偏转灵敏度，可调到显示值的 1/2.5，在 CAL 位置时，该旋钮顺时针旋至最大，灵敏度为挡位显示值。

⑩、⑱输入信号耦合选择按键组(AC：交流；GND：接地；DC：直流)。

⑪、⑲ 垂直移位(POSITION)：调节轨迹或光点的垂直位置。

⑫ALT/CHOP：当在双轨迹模式下，放开此键，则 CH1 与 CH2 以交替方式显示(用于快速扫描)；按下此键，CH1 与 CH2 以切割方式显示(用于慢速扫描)。

⑬、⑰CH1 与 CH2 的 DC BAL 键：用来调整垂直直流平衡点。

⑭ CH1 及 CH2 垂直选择工作方式(VERT MODE)：

CH1，屏幕上只显示 CH1 的信号；

CH2，屏幕上只显示 CH2 的信号；

DUAL，示波器以 CH1 及 CH2 双通道工作，此时可切换 ALT/CHOP 模式来显示两条轨迹；

ADD，显示 CH1 和 CH2 的相加信号。

⑮GND：示波器的接地端子。

⑯CH2 INV：当按下此键时，可显示 CH1 和 CH2 的相减信号。

3. 触发系统(TRIGGER SYSTEM)

㉓触发源选择器(SOURCE)：

CH1：当 VERT MODE 选择器在 DUAL 或 ADD 位置时，以 CH1 输入端的信号作为内部触发源；

CH2：当 VERT MODE 选择器在 DUAL 或 ADD 位置时，以 CH2 输入端的信号作为内部触发源；

LINE：将 AC 电源 信号频率作为触发信号；

EXT：当从 TRIG IN 端子输入外部触发信号时，须将 SOURCE 选择器㉓置于 EXT 位置，故㉕为外触发输入(EXT TRIG IN)。

㉕触发模式选择开关(TRIGGER MODE)：

AUTO：当无触发信号或触发信号频率小于 25 Hz 时，扫描会自动进行；

NORM：当无触发信号时，扫描处于预备状态，屏幕上不会显示任何轨迹。该功能主要用于观察频率小于 25 Hz 的信号；

TV－V：用于观察电视信号的垂直画面信号；

TV－H：用于观察电视信号的水平画面信号。

㉖触发斜率选择键(SLOPE)："＋" 凸起时在信号正斜率上触发；"－"按下时在信号负斜率上触发。

㉗触发源交替设定键(TRIG. ALT)：当 VERT MODE 选择器在 DUAL 或 ADD 位置，且 SOURCE 选择器置于 CH1 或 CH2 位置时，按下此键，仪器会自动设定 CH1 与 CH2 的输入信号以交替方式轮流作为内部触发信号源。

㉘触发电平调节(LEVEL)：该旋钮用来调整触发准位以显示稳定的波形，并设定该波形的起始点。将旋钮向"＋"旋转，触发准位向上移；将旋钮向"－"旋转，则触发准位向下移。

4. 水平(X)偏转系统(HORIZONTAL SYSTEM)

㉙扫描时间(速度)选择旋钮(又称 X 轴灵敏度旋纽 TIME/DIV):此旋钮可用来控制所要显示波形的周期数。扫描范围从 0.2 μs/DIV～ 0.5 s/DIV 共 20 挡。

㉚扫描时间可变控制旋钮(SWP. VAR):旋转此控制钮,扫描时间可延长至少为面板指示值的 2.5 倍;若未按下该键时,则指示数值将被校准。

㉛水平放大键(×10MAG):信号通过电视同步分离电路连接到触发电路,由触发模式选择开关㉕选择 TV - H 或 TV - V 同步。按下此键可将扫描放大 10 倍。

㉜水平移位(POSITION) :调节扫描光点的水平位置。

五、实验内容与步骤

1. 测量直流及交流输入信号的电压值及频率

先对照教材上的《仪器介绍》熟悉示波器面板上各个控制旋钮的作用,在接通电源之前,请按照表 1 设定各旋钮及按键的位置。

表 1

旋钮或按键	设定	旋钮或按键	设定
POWER	OFF	AC/GND/DC	GND
INTEN	居中	SOURCE	CH1 或 CH2
FOCUS	居中	SLOPE	“+”凸起(正斜率)
VERT MODE	CH1 或 CH2	TRIG. ALT	凸起
ALT/CHOP	凸起(ALT)	TRIGGER MODE	AUTO
CH2 INV	凸起	TIME/DIV	0.5 ms/ DIV
POSITION	居中	SWP. VAR	顺时针到底 CAL 位置
VOLTS/DIV	0.5V/DIV	POSITION	居中
VARIABLE(⑨㉑)	顺时针到底 CAL 位置	×10MAG	凸起

注:本实验只用单一通道(CH1 或 CH2)。

①开启电源预热,屏幕上应出现一光点,调节“亮度”和“聚焦”旋钮,使光点清晰、细小且亮度适中,再调节垂直和水平移位旋钮使光点位于屏幕正中央,调节 X 轴灵敏度旋钮,使屏幕上显示一条水平扫描线。这条线就是测量的基准位置。

②测量直流输入信号的电压值:将 CH1 灵敏度旋钮置于 1 V/ DIV 且 Y 轴输入方式选为 DC,将 CH1 探头的两端与一节干电池的正、负极相连接。观察屏幕上水平扫描线在 Y 轴方向上偏离基准位置的距离,求出待测电池的电压。

③测量交流输入信号的电压值及频率:调节 CH1 输入方式为 AC,Y 轴灵敏度旋钮置于 5 V/ DIV,将 CH1 探头的两端分别与变压器的输出“6 V”及“地”相连,在屏幕上调节出大小适中、两个周期、稳定的正弦电压波形。先测量变压器输出正弦交流电压的峰峰值 U_{p-p}。从屏上读出波峰与波谷对应的垂直距离 Y(cm)和一个周期对应的水平距离 X(cm),再分别乘以垂直(Y 轴)灵敏度选择开关及扫描速度选择开关的挡位值,即可求出信号的电压和周期。正弦信号的有效值 U_e 和峰-峰值 U_{p-p} 的关系为

$$U_e = \frac{U_{p-p}}{2\sqrt{2}}$$

在坐标纸上按 1∶1 的比例，描绘出两个周期的正弦电压信号波形，并求出正弦信号电压的有效值和频率。

2. 观察并描绘整流滤波波形

按图 3-18 接好整流滤波电路，将示波器 CH1 输入探头分别接到输出电阻 R 的两端，适当调节 X 轴和 Y 轴灵敏度旋钮，荧光屏上将显示出整流及滤波波形，调节电平旋钮，待波形稳定后，在坐标纸上按 1∶1 的比例，描绘出两个周期且与上述正弦电压信号波形相对应的整流滤波波形。随着电路元件的增加，信号幅值会随之减小，这时可调节 Y 轴灵敏度旋钮，使屏幕上出现幅度适当的波形，但应在所画波形图的坐标轴上标明所用 Y 轴灵敏度和扫描时间的指示值。

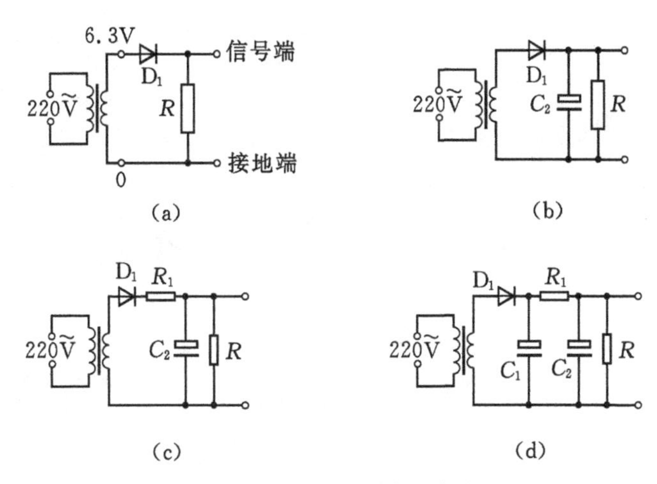

图 3-18 整流滤波电路图

(a)半波整流电路；(b)半波整流电容滤波电路；

(c)半波整流阻容滤波电路；(d)半波整流 π 型滤波电路

六、注意事项

①荧光屏上的光点不要调得太亮，以能看清为准，不要将光点固定在一点不动，以免灼伤荧光屏。

②示波器开机后，应仔细观察现象，认真分析原因，转动旋钮时应有的放矢，不可将开关和旋钮用力强行旋转，以免损坏旋钮。如果旋钮发生错位，可将旋钮逆时针旋到头，对应于周边刻度的起始值，再顺时针逐挡旋转，便可找到真实的示值位置。

③示波器的探头是电缆插头线，中心芯线（红接线夹或插）为信号输入端，芯线外的绝缘层和金属网的引出线（黑接线夹或插）为接地端，接线时不能乱接，否则会使信号短路。

④测信号周期时，应关闭 X 轴灵敏度微调旋钮。

七、思考题

①如果打开示波器的电源开关后，在屏幕上既看不到扫描线又看不到光点，有可能是哪些原因？应分别怎样调节？

②如果荧光屏上波形不稳定,总是向左或向右移动,应如何进行调节才能使其稳定?

③如果 Y 轴信号的频率 f_y 比 X 轴信号的频率 f_x 大很多,荧光屏上将看到怎样的情形?相反,f_y 比 f_x 小很多,荧光屏上又将看到怎样的情形?

④如果 GOS-620 型示波器的探头具有 1∶10 衰减,测量“AC”5 V 电压(电表读数)时,Y 轴灵敏度旋钮应旋到哪挡读数最合理?

实验 15　用示波器测量相位差及频率

双踪示波器能够同时观察两种或两种以上的信号波形，可以对两个信号的幅度、频率、相位和时间关系进行比较、分析和研究。因此利用双踪示波器测量物理量、研究物理现象与规律是一种很有效的物理实验方法。本实验就是利用双踪示波器上显示的李萨如图形，来测量两个正弦信号之间的相位差和未知信号的频率。

一、实验目的

①进一步熟悉示波器的使用；

②观察李萨如图形，加深对简谐振动合成的理解；

③学习使用双通道示波器测量相位差和频率的方法。

二、实验仪器及用具

GOS－620 型双轨迹示波器，低频信号发生器，变压器，RC 电路板，导线等。

三、实验原理

1. 李萨如图形法测相位差

李萨如图形是两个相互垂直的同频率及不同频率简谐振动合成的结果。当在示波器的 X 轴和 Y 轴同时输入两个正弦交流电压信号时，荧光屏上将呈现出李萨如图形，如图 3－19 所示。

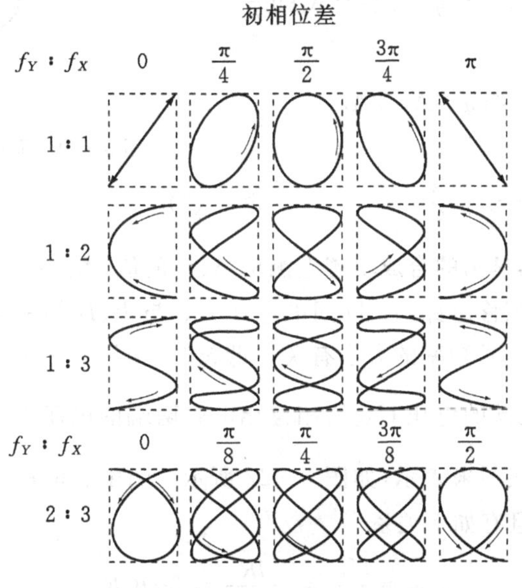

图 3－19　李萨如图形

设两个互相垂直的、同频率的简谐振动的方程为

$$x = A_1\cos(\omega t+\varphi_1) \tag{1}$$

$$y = A_2\cos(\omega t+\varphi_2) \tag{2}$$

式中:A_1、A_2为振动的振幅;ω为振动的频率;φ_1、φ_2为振动的初相位。这两个简谐振动合成振动的轨迹方程为

$$\frac{x^2}{A_1^2}+\frac{y^2}{A_2^2}-2\frac{xy}{A_1A_2}\cos(\varphi_2-\varphi_1) = \sin^2(\varphi_2-\varphi_1) \tag{3}$$

由式(3)可见,两个同频率相互垂直的简谐振动合成后的振动轨迹为一椭圆。

式(3)中,$(\varphi_2-\varphi_1)=\varphi$称为相位差。下面分几种情况讨论。

①当相位差$\varphi=0$(或$\pm 2k\pi$)时,X、Y方向的振动相位相同,合成轨迹是一条直线,其斜率是它们的振幅比,即

$$\left(\frac{x}{A_1}-\frac{y}{A_2}\right)^2=0 \quad 或 \quad \frac{x}{A_1}=\frac{y}{A_2} \tag{4}$$

②当相位差$\varphi=\pm\frac{\pi}{2}$时,合成轨迹为一正椭圆。一般的情况,相位差φ值在$0\sim\pi/2$之间时,合成振动的轨迹为斜椭圆。

为了求得两个互相垂直振动的相位差φ,下面对椭圆轨迹与X轴的两个交点a、a'的振动情况进行分析,如图3-20所示,显然这两个交点的纵坐标为零,由(2)式可知

$$y=A_2\cos(\omega t+\varphi_2)=0$$

因为

$$\omega t+\varphi_2=\pm\frac{\pi}{2}$$

所以

$$\omega t=\pm\frac{\pi}{2}-\varphi_2$$

将上式代入(1)式,可得

$$x = A_1\cos\left[\pm\frac{\pi}{2}-(\varphi_2-\varphi_1)\right]=\pm A_1\sin\varphi$$

由图3-20可得

$$B=2x=2A_1\sin\varphi \quad A=2A_1$$

所以相位差

$$\varphi=\arcsin\frac{B}{A} \tag{5}$$

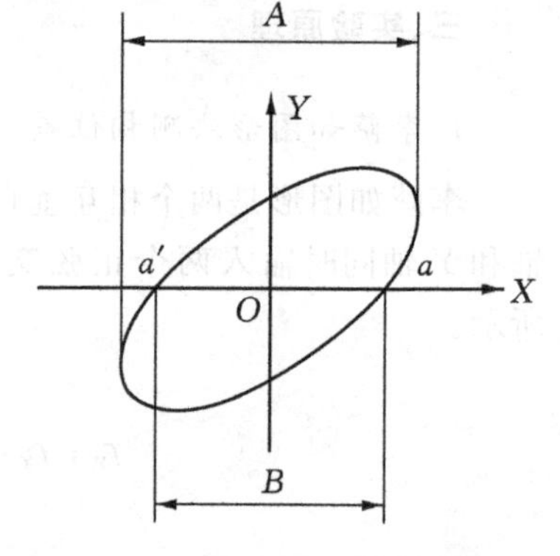

图3-20 垂直振动合成轨迹(斜椭圆)

实验时,只需从示波器显示的合成轨迹上测出A、B的值,由式(5)就可求出相位差φ。

图3-21是一个阻容相移电路,A、D间的电压U_{AD}与B、D间的电压U_{BD}之间存在相位差。这个相位差的大小与信号频率的大小有关。低频时,相位差趋于零;高频时,相位差趋于$\frac{\pi}{2}$。从电工学可知,电阻两端的电压U_{AB}的相位比电容两端的电压U_{BD}相位超前90°,而它们的总电压U_{AD}可用矢量合成图来表示,如图3-22所示。图中总电压U_{AD}与电容两端的电压U_{BD}之间有一相位差φ,并且有如下关系

$$\tan\varphi=\frac{U_{AB}}{U_{BD}}=\frac{IR}{I\,\frac{1}{\omega C}}=2\pi fCR$$

故相位差理论值

$$\varphi = \arctan(2\pi fCR) \tag{7}$$

式中:R 为电阻值;C 为电容值(图 3-21 中有标定值);f 为频率。

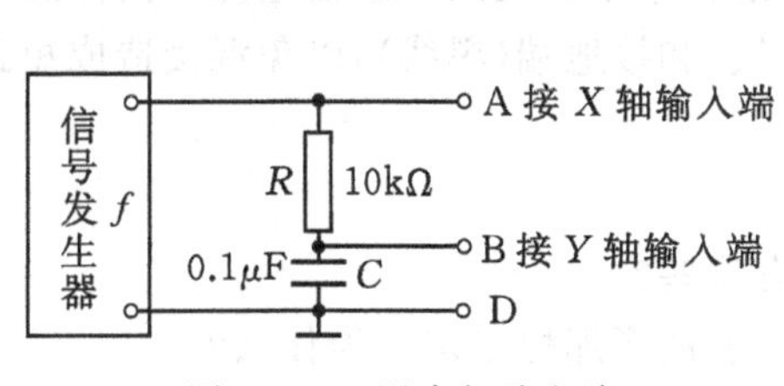

图 3-21 阻容相移电路

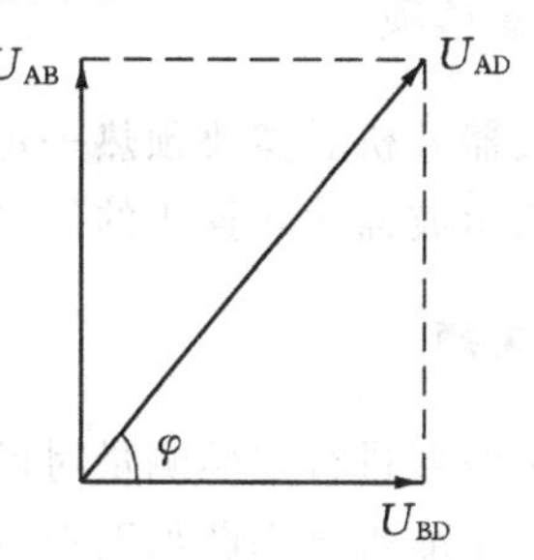

图 3-22 电压矢量合成图

2. 李萨如图形法测频率

当两个相互垂直的简谐振动的频率不同时,如果它们的频率有简单的整数比关系,则合成振动的轨迹称为李萨如图形,如图 3-19 所示。如果作李萨如图形的水平(X)切线和垂直(Y)切线,其切点数分别为 n_x 和 n_y,则有

$$f_x : f_y = n_y : n_x \tag{6}$$

式中:f_x 和 f_y 分别是 X、Y 轴输入信号的频率。

因此,若已知其中一个信号的频率,从李萨如图形上数出切点数 n_x 和 n_y,就可以求出另一待测信号的频率,这就是用李萨如图形法测频率的方法。

四、实验内容与步骤

1. 测量两个互相垂直、同频率、不同相位简谐振动的相位差

①实验前应仔细阅读实验 14 中有关 GOS-620 型示波器的仪器介绍。操作步骤大致相同,只稍作改动,即将 VERT MODE 置于 DUAL 位置。显示屏上应出现两条扫描线,将 TIME/DIV 设定为 $X-Y$ 模式,这时"CH1 输入"即为 X 轴输入。

②熟悉低频信号发生器各个旋钮的作用。将低频信号发生器按图 3-21 与阻容相移电路连接,将示波器的 X 轴和 Y 轴输入探头分别接到图 3-21 中的 A、B 端,探头的接地端与 D 端连接,调节信号发生器的频率,观察示波器显示的合成轨迹。

③调节低频信号发生器的输出频率分别为 100 Hz 或 200 Hz,使荧光屏上显示对称且稳定的斜椭圆,测出图中 A、B 的值,并在坐标纸上描绘出该图形。由式(5)求出相位差 φ,并与相位差理论值 φ 进行比较,计算其百分误差。

2. 用李萨如图形法测定未知信号频率

将低频信号(作为已知)发生器及变压器上 6 V 信号(作为未知)的输出端分别接到示波器的 X 轴和 Y 轴输入端,调节低频信号发生器的输出频率,使示波器显示屏上分别出现频率比为 1∶1、1∶2、1∶3、2∶3 的李萨如图形,记录每个图形对应的低频信号发生器的输出频率值,在坐标纸上描绘出上述图形,并由每个图形根据式(6)求出未知信号频率,再求出未知信号频率的平均值。

如果可调信号发生器上没有频率刻度,而已知信号源的频率为 50 Hz,则可利用李萨如图

形标定或校正可调信号发生器的频率位置。

五、注意事项

①示波器开机后需要预热一定时间,使用过程中不必关闭示波器电源,可将亮度减弱。
②分清示波器输入探头的信号输入端(红线)和接地端(黑线),以免混接造成短路。

六、思考题

①用示波器进行实验测量时的误差因素有哪些?
②实验中能否将李萨如图形调得像观察一般波形那样稳定?为什么?
③用李萨如图形校准频率刻度的原理是什么?

实验 16　滑线式电势差计的原理及应用

电势差计(简称电势计)是一种根据补偿原理将被测电动势与标准电动势进行比较,从而测出未知电动势的仪器。被广泛用于测量电动势、电势差、电阻和校准电表。滑线式电势计是箱式电势计的基础,它具有结构简单、直观和便于分析的优点。本实验先使用滑线式电势计测待测电动势,然后再用箱式电势计测电动势,从而培养和训练同学们分析和解决电路问题的能力。

一、实验目的

①掌握用补偿法和比较法测电源电动势的原理;

②学习使用滑线式电势计和箱式电势计,掌握校准电势计的方法。

二、实验仪器及用具

滑线式电势计,箱式电势计,标准电池,待测电池,灵敏检流计,滑线变阻器(电阻箱),双刀双掷开关,电键,导线等。

三、实验原理

当电池内有电流通过时,电池内阻的存在将引起电势降落,因此电池两极间的电势差小于它的电动势。用普通伏特计测电池电动势时,必然形成回路而使电流流过电池,因此测得的是两极间的电势差而不是电动势。只有当电池内没有电流流过时,电池的电动势才与两极间的电势差相等。因此,要准确地测量电池电动势,就必须使用电势差计。

图 3-23 是电势差计的工作原理图。其中,E 为工作电源,E_s为标准电池,E_x为待测电池,R_0为电阻箱,FD 是一根粗细均匀的电阻丝,M、C 为活动接头,K_1、K_2为开关,G 为灵敏检流

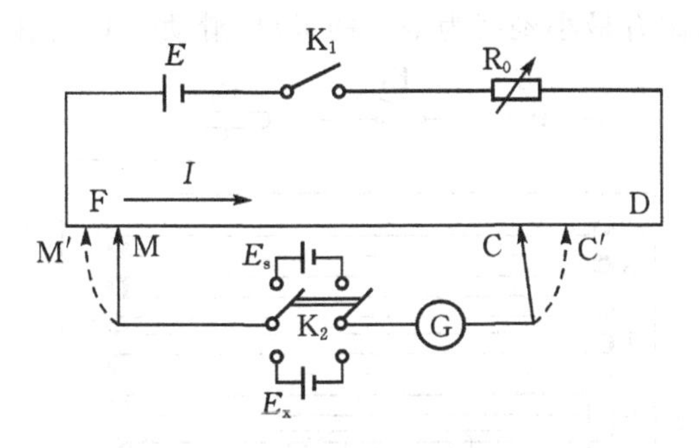

图 3-23　电势差计原理图

计。在图中的支路 ME_sGC 中,由于工作电源 E 和标准电池 E_s产生的电流方向相反,调节图中活动插头 M 和活动接头 C 的位置,当 M、C 之间的电阻 R_{MC}的电势降落 U_{MC}与标准电池电动势 E_s相等时,支路 ME_sGC 中的电流为零。这种用外加电压抵抗电池电动势而使电池中电流为零的方法称为补偿法。当支路 ME_sGC 中电流为零(可用检流计观察)时,具有以下关系

$$U_{MC}=E_s$$

由于 FD 是一根截面均匀的电阻丝,所以有

$$U_{MC}=I_0R_{MC}=I_0rL_{MC} \tag{1}$$

式中:I_0为 ME_sGC 支路中无电流时,流过电阻丝 FD 的电流;L_{MC}是 M、C 之间的电阻丝的长度;r 为单位长度电阻丝的电阻值。因为 I_0、r 均不变,$\overline{U}=I_0r$,故式(1)可写成

$$U_{MC}=E_s=\overline{U}L_{MC}=\overline{U}L_s \tag{2}$$

显然,$\overline{U}$ 为 FD 上单位长度电阻丝上的电势差,在实验中必须先确定 $\overline{U}$ 的数值。为了方便读数,可取 $\overline{U}=0.1000\ \mathrm{V/m}$。因为 $\overline{U}=I_0r$,r 为常量,所以只需调节工作电流 I_0的大小,就可得到所需要的 $\overline{U}$ 值,这一过程叫做“工作电流标准化”。在测量过程中,应保持 I_0不变。

在图 3-23 中,若把 K_2扳向待测电池 E_x,保持 R_0不变,调节 M、C 至 M′、C′的位置使检流计指示为零,根据补偿法原理,长度为 $L_{M'C'}$时,M′、C′之间电阻丝上的电势差 $U_{M'C'}=\overline{U}L_{M'C'}$应与待测电池的电动势相等,即

$$E_x=\overline{U}L_{M'C'}=\overline{U}L_x \tag{3}$$

将式(3)与(2)比较,可得

$$E_x=\frac{L_x}{L_s}E_s \tag{4}$$

由式(2)可知,$\overline{U}$ 可由已知的标准电池电动势 E_s和 M、C 之间电阻丝的长度 L_{MC}求出,再由式(3)就可求得待测电池的电动势 E_x的值。从式(4)可见,实验测出的 E_x值的精确度,主要由标准电池的精确度和电阻丝的长度两个因素决定。

四、仪器介绍

1. 滑线式电势差计

滑线式电势差计的结构,如图 3-24 所示。图中的电阻丝 FD 长 11 m,依次往复绕在木板的 10 个接线插孔 0、1、2、…、10 上,插头 M 可选择插入插孔 0、1、2、…、10 中任意一个位置,作为粗调。电阻丝 FD 旁边附有最小刻度为毫米的米尺,滑动头 C 可在 FD 电阻丝上滑动,称为

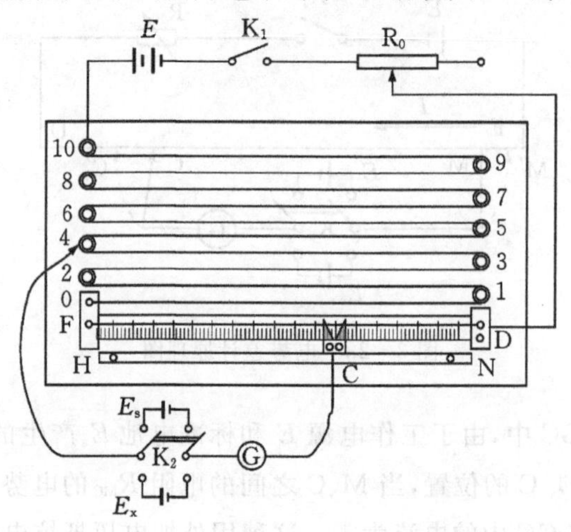

图 3-24 滑线式电势差计实验电路图

细调，它的位置可由米尺读出。R_0是滑线变阻器（或电阻箱），用来调节工作电流。双刀双掷开关K_2用来选择接通标准电池E_s或待测电池E_x。

使用电势差计测量电池电动势之前，一般要经过校准，即“工作电流标准化”，就是使单位长度电阻丝上的电势降落$\overline{U}$取一个便于计算的值，如0.2000 V/m、0.3000 V/m等。经过校准后的电势计，任一长度为L_x的电阻丝上的电势降落为$U_x=\overline{U}L_x$。

电势差计的校准方法如下：在图3-24所示电路中，将双刀双掷开关K_2扳向标准电池E_s，如取$\overline{U}$为0.2000 V/m，而若标准电池电动势$E_s=1.0186$ V，则电阻丝的长度应取$L_s=E_s/\overline{U}=1.0186\ \text{V}/0.2000\ \text{V}\cdot\text{m}^{-1}=5.0930\ \text{m}$。根据上述计算结果，插头M应置于插孔5处，滑动头C的触点应置于米尺的0.0930 m处。若此时接通电键K_1并按下滑动头C，调节滑线变阻器（或电阻箱）R_0，使检流计G的电流为零，电路处于补偿状态，则每米电阻丝上的电势降落$\overline{U}=0.2000$ V/m。此后保持电阻R_0不变，只要测出L_x，就可求出待测电动势E_x。

2. 箱式电势差计

301型箱式电势差计实际上是将滑线式电势计的主体——滑线装置改变形式装入一个木箱内，用两个圆形转盘相互配合进行粗调和细调，其原理和滑线式电势计相同。

3. 标准电池

标准电池是电动势和电压的标准量具，是一种镉汞化学电池。由于其内阻很高，在充放电情况下会极化，因而不能作为供电电源使用。在正常使用条件下，它的电动势非常稳定，虽与温度有关，但温度系数小，且有确定的规律以供修正。我国目前标准电池电动势的温度修正可按下式计算

$$E_s(t)=E_s(20)-4.06\times10^{-5}(t-20)-9.5\times10^{-7}(t-20)^2\ \text{V} \tag{4}$$

式中：$E_s(20)$是温度为20℃时的标准电池的电动势，其值为1.0186 V。使用标准电池时，其输入或输出的最大瞬时电流不能超过10μA。

4. 灵敏检流计

灵敏检流计是用来检查电路中是否有电流通过的电表，所以称为检流计。由于它十分灵敏，一般只能承载微弱的电流强度，因此在未确知电流大小的情况下，切勿轻易直接接通检流计，以免损坏。检流计有各种不同的类型，本实验使用的是三挡按键式灵敏检流计，如图3-25所示，检流计表头分别用按钮“5 V”、“1 V”和“G”使不同的保护电阻与电路接通。当按下“5 V”按钮时，检流计便与一高阻值电阻串联；而“1 V”按钮串联的电阻较小；如果按下“G”按钮，则检流计表头直接与电路接通。使用时，应先按下“5 V”按钮，调节电势计达到补偿状态，然后按下“1 V”按钮，调节电势计达到补偿状态，最后按下“G”按钮，如果再调节而检流计指针不摆动，指示为零，则表明电势计确实达到了补偿状态。

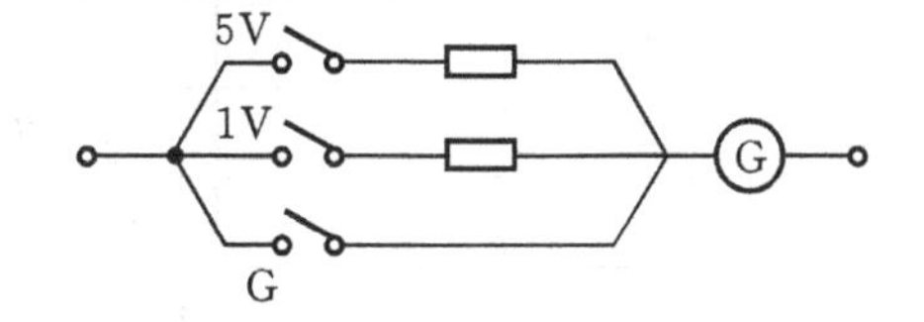

图3-25 灵敏检流计示意图

五、实验内容与步骤

①按照图3-24的实验线路布置仪器和正确接线，将工作电源调至6 V，先不要接通电键K_1和滑动头C。

②电势差计的校准。

A. 从温度计上读取室温，根据室温由式(4)求出 $E_s(t)$，取 $\overline{U}=0.2000$ V/m，0.3000 V/m，0.4000 V/m，分别计算出插头 M 和滑动按键 C 触点应放的位置。

B. 将 M 和 C 的位置确定后，把双刀双掷开关 K_2 扳向标准电池 E_s 并接通电键 K_1，然后先按下“5 V” 按钮，再按顺序按下“1 V”和“G”按钮，观察检流计 G 中指针是否偏转，根据指针偏向调节电阻 R_0 使检流计指示为零，电势计被校准。

③用滑线式电势差计测量电池电动势

A. 保持 R_0 的值不变，将 K_2 扳向待测电池 E_x。将插头 M 插入标号为 10 的插孔，短时间按下 C 键并立即放开，观察检流计指针偏转方向，然后再把 M 依次插入标号为 9、8、7、… 各插孔。每次按一下 C 键，观察检流计指针的偏转方向，直到指针偏转方向改变为止，把 M 插入指针偏转方向改变的前一标号插孔。然后，滑动 C 键，短时间按下立即放开，观察检流计的指示，直到检流计指示接近于零，移动 C 键使检流计指示为零。此时，M、C 之间电阻丝的长度为 L_x。根据式(3)，可求出待测电池的电动势。

B. 重复上述步骤再测两组 L_x 的值，求出三个 E_x 值，取其平均值正确表示测量结果。注：每测一组 L_x 数据，须重新校准电势计。

④用箱式电势差计测量电池电动势。

A. 按 301 型箱式电势计盖板内的电路图接好电路，即将滑线式电势计上的 F、D 两端接在标有“电池”的两接线柱上，将 M、C 两端接在标有“电动势”的两接线柱上。

B. 将两个转盘上的示数按标准电池的电动势值调好。

C. 接通电源，调节电阻 R_0 使检流计指示为零，此时电势计即校准好。

D. 保持 R_0 的值不变，将 K_2 扳向待测电池 E_x。调节两个转盘使检流计达平衡位置、无偏转，两盘所示读数相加就是待测电池的电动势值。

E. 按上述步骤重复测量三次，求出 E_x 的平均值。

六、数据记录与处理

表 1　用滑线式和箱式电势计测量电池电动势　　　　$E_s=$　　　　V

<table>
<tr><td rowspan="5">滑线式</td><td>次数</td><td>R_0/Ω</td><td>$\overline{U}/(\mathrm{V\cdot m^{-1}})$</td><td>$L_x$/m</td><td>$E_x$/V</td><td>$\Delta E_x$/V</td><td>$\overline{E_x}\pm\Delta\overline{E_x}$/V</td></tr>
<tr><td>1</td><td></td><td>0.2000</td><td></td><td></td><td></td><td rowspan="4"></td></tr>
<tr><td>2</td><td></td><td>0.3000</td><td></td><td></td><td></td></tr>
<tr><td>3</td><td></td><td>0.4000</td><td></td><td></td><td></td></tr>
<tr><td colspan="3">平均值</td><td></td><td></td><td></td></tr>
<tr><td rowspan="5">箱式</td><td colspan="2">次数</td><td colspan="2">R_0/Ω</td><td>E_x/V</td><td colspan="2">ΔE_x/V</td></tr>
<tr><td colspan="2">1</td><td colspan="2"></td><td></td><td colspan="2"></td></tr>
<tr><td colspan="2">2</td><td colspan="2"></td><td></td><td colspan="2"></td></tr>
<tr><td colspan="2">3</td><td colspan="2"></td><td></td><td colspan="2"></td></tr>
<tr><td colspan="4">平均值</td><td></td><td colspan="2"></td></tr>
</table>

将两种方法的测量结果进行比较。

七、注意事项

①使用标准电池时不要接错正负极，不能使电池短路，不允许用伏特计去测量标准电池两端的电压值。标准电池内装有化学物质溶液，不能摇晃、震荡、倒置或倾斜等。

②在测量过程中，为了保护灵敏检流计，应按照粗、中、细顺序调节。操作时所有按钮应断续接通，不要锁定或按住不放。

③测量时应首先观察检流计指针的偏转情况，再仔细地寻找平衡点。

八、思考题

①能否用伏特计精确测量电池的电动势？为什么？

②能否用电势计测量电池的内阻？试画出测量电路图。

③本实验中检流计的灵敏度对测量结果的精确度有何影响？检流计表盘刻度的准确度对测量结果的精确度有何影响？为什么？

实验17　电子束的电、磁偏转及电子荷质比的测定

示波器、电视显像管、摄像管、雷达指示器、电子显微镜等外形和功用虽各不相同,但它们有一个共同点,就是利用电子束的聚焦和偏转,因此统称为电子束管。电子束的聚焦与偏转可以通过电场或磁场对电子的作用来实现。前者称为电聚焦和电偏转,后者称为磁聚焦和磁偏转。同时,示波管是示波器的主要部件,对示波管原理与性能的熟悉和了解是理解和使用示波器所必备的基础。

一、实验目的

①学习示波管电偏转和磁偏转的原理;
②了解示波管电聚焦和磁聚焦的原理;
③了解用磁聚焦法测量电子荷质比的原理。

二、实验仪器及用具

DZS-C电子束测试仪,双路稳压电源,万用电表,导线等。

三、实验原理

1.示波管的基本结构

如图3-26所示,示波管由电子枪、偏转板和荧光屏三部分组成,其中电子枪是示波管的核心部件。

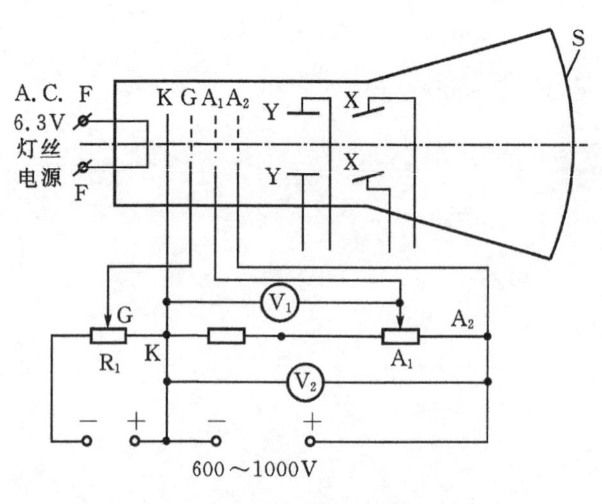

图3-26　示波管的结构

电子枪由阴极K、栅极G、聚焦电极A_1和第二加速阳极A_2等同轴金属圆筒组成。加热电源通过钨丝加热阴极K后而发射电子,电子受阳极的作用而加速,形成一束电子射线,最后打击在屏的荧光物质上,发出可见光,在屏背后可以看见一个亮点。电子从阴极发射出来时,可

以认为它的初速度为零。电子枪内阳极 A_2 相对阴极 K 具有几百甚至几千伏的加速正电位 U_2，它产生的电场使电子沿轴向加速。电子到达 A_2 时速度为 v。由能量关系有

$$\frac{1}{2}mv^2 = eU_2 \tag{1}$$

控制栅极 G 相对于阴极 K 为负电位，两者相距很近（约十分之几毫米），其间形成的电场对电子有排斥作用。当栅极 G 的负电位不高（负几十伏）时就足以把电子斥回，使电子截止。用电位器 R_1 调节 G 对 K 的电压，可以控制电子枪射出电子的数目，从而连续改变屏上光点的亮度。增加加速电极的电压，电子便获得更大的轰击动能，荧光屏的亮度虽然可以提高，但加速电压一经确定就不宜随时改变它来调节亮度。

2. 电子束的电偏转

电子穿过 A_2 时以速度 v 进入两个相对平行的偏转板间。若在两个偏转板上加上电压 U_d，两平行板间距离为 d，则平行板间的电场强度 $E=U_d/d$，电场强度的方向与电子速度 v 的方向相互垂直，如图 3-27 所示。偏转量为 D，则

$$D = \frac{1}{2}\frac{U_d l}{U_2 d}\left(\frac{l}{2}+L\right) \tag{2}$$

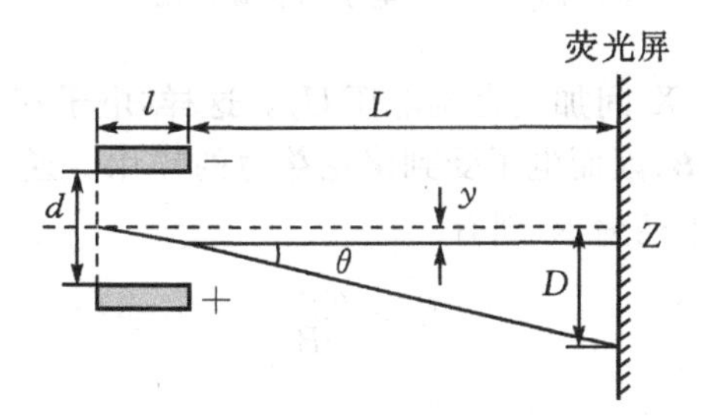

图 3-27　电偏转原理图

从式(2)可见，偏转量 D 随 U_d 增加而增加，与 $\frac{l}{2}+L$ 成正比，同时与 U_2 和 d 成反比。

3. 电子束的磁偏转

如果在电子枪和电子接收器（如荧光屏）之间加上一个均匀横向磁场，电子束进入磁场区域时，在洛仑兹力作用下也会发生偏转，如图 3-28 所示。偏转量为 D，则

$$D = KnIlL\sqrt{\frac{e}{2mU_2}} \tag{3}$$

式中：n 为单位长度的线圈圈数；I 为线圈中通过的电流；K 是比例系数。

由式(3)可知，偏转量 D 与线圈中通过的电流 I 成正比，这一点正满足了偏转系统的线性要求。磁偏转灵敏度定义为单位磁场电流所引起的电子束在荧光屏上的偏移，即

$$S = \frac{D}{I} = KnlL\sqrt{\frac{e}{2mU_2}} \tag{4}$$

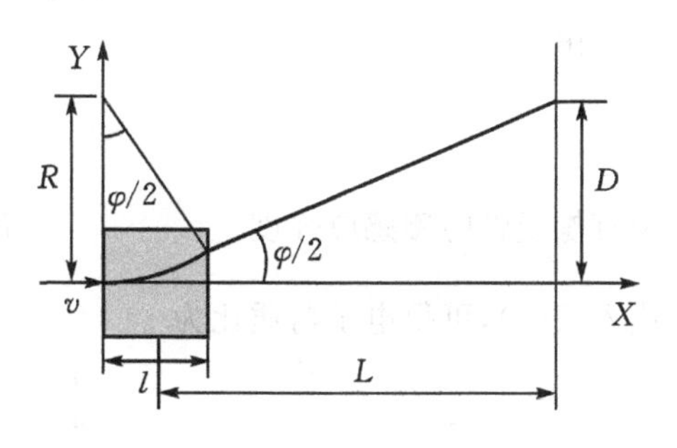

图 3-28　磁偏转原理图

其单位为 mm/A。

4.磁聚焦和电子荷质比的测量

将示波管置于一个载流长直螺线管的均匀磁场里,并使示波管内电子束的方向和磁感应强度 **B** 的方向平行。此时,作用于电子的洛伦兹力为零。电子沿 v_z 方向作匀速直线运动,最后打在屏的 O 点(在以后的叙述中取作坐标原点)上,如图 3-29 中 P_0O 直线所示。

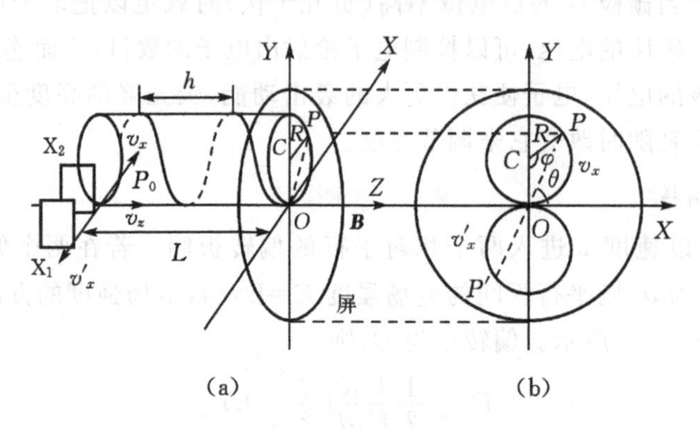

图 3-29 电子的螺旋运动

现在,在水平偏转板 X_1、X_2间加上直流电压 U_x。这样,电子穿过两极间的电场后,获得一个横向速度 v_x,方向垂直于 **B**,因而电子受到洛伦兹力的作用。逆 Z 轴的方向看去,电子做逆时针方向的圆周运动,设其半径为 R,则有

$$R=\frac{mv_x}{eB} \tag{5}$$

圆周运动的周期为

$$T=\frac{2\pi R}{v_x}=\frac{2\pi m}{eB} \tag{6}$$

电子既在轴线方向作直线运动,又在垂直于轴线的平面内作圆周运动。其合成轨道为一条螺旋线,其螺距用 h 表示,则有

$$h=v_zT=\frac{2\pi}{B}\sqrt{\frac{2mU_2}{e}} \tag{7}$$

由式(6)和式(7)可以看出,电子运动的周期和螺距均与 v_x无关。不难看出,电子在做螺线运动时,它们从同一点出发,尽管各个电子的 v_x不相同,但经过一个周期以后,它们又会在距离出发点相距一个螺距的地方重新相遇,这就是磁聚焦的基本原理。

由式(7)得

$$\frac{e}{m}=\frac{8\pi^2U_2}{h^2B^2} \tag{8}$$

长直螺线管的磁感应强度

$$B=\frac{\mu_0NI}{\sqrt{L^2+D_0^2}}$$

代入式(8),可得电子荷质比为

$$\frac{e}{m}=\frac{8\pi^2(L^2+D_0^2)}{(\mu_0Nh)^2}\frac{U_2}{I^2} \tag{9}$$

式中:μ_0为真空磁导率,$\mu_0=4\pi\times10^{-7}$ H/m;N 为螺线管线圈的总匝数;L、D_0分别为螺线的长

度和直径；h 为螺距。这里 N、L、D_0、h 的数值由实验室给出。因此测得 I 和 U 后，就可求得电子荷质比 e/m 的值。

实际上电子在穿出示波管的第二阳极后，就形成了一束高速电子流，射到荧光屏上就打出一个光斑。为了使这个光斑变成一个明亮、清晰的小亮点，必须将具有一定发散程度的电子束沿示波管轴向会聚成一束很细的电子束（称为“聚焦”），这就要调节聚焦电极的电势，以改变该区域的电场分布。这种靠电场对电子的作用来实现聚焦的方法，称为静电聚焦，可调节“聚焦”旋钮来实现。

若在 Y 轴偏转板上加一交变电压，则电子束在通过该偏转板时即获得一个垂直于轴向的速度 v_y。由于两极板间的电压是随时间变化的，因此，在荧光屏上观察到一条直线。

由上述可知，通过偏转板的电子，既具有与管轴平行的速度 v_z，又具有垂直于管轴的速度 v_y，这时若给螺线管通以励磁电流，使其内部产生磁场（近似认为长直螺线管中心轴附近的磁场是均匀的），则电子将在该磁场作用下作螺旋运动。这与前面讨论的情况完全相同。

四、实验内容与步骤

①开启电源开关，将“电子束-荷质比”选择开关打向电子束位置，适当调节辉度，并调节聚焦，使屏上光点聚成一细点，分别把 X 偏转、Y 偏转的输出与电偏转电压表相连，并调节调节旋钮使电偏转表的指示为零。再通过调节“调零”和“Y 调零”旋钮，使光点位于荧光屏的中心原点。

②电偏转：测量偏转量 D 随 U_d 变化。调节阳极电压旋钮，给定阳极电压 U_2。将 Y 偏转（或 X 偏转）的输出与电压表相连，调 Y 偏转（或 X 偏转）旋钮，改变 D 测一组 U_d 值。改变 U_2（U_2：700 V，900 V）后再测 $D-U_d$ 变化。以 U_d 为横坐标，D 为纵坐标作图求其斜率，即为电偏转灵敏度 D/U_d，并说明为什么 U_2 不同，D/U_d 不同。

③磁偏转：调节光点重新位于中心原点。测量偏转量 D 随磁偏转电流 I 的变化，将磁偏转电流表串联在磁偏转电流输出装置上的磁偏转电流线包中，给定 U_2，调节磁偏转电流旋钮（改变磁偏转电流的大小）测量一组 D 值。改变磁偏转电流的方向，再测一组 $D-I$ 值。改变 U_2（U_2：700 V，900 V），再测两组 $D-I$ 数据。用作图法求磁偏转灵敏度 D/I，并解释为什么 U_2 不同，D/I 不同。

4. 测量电子的荷质比

A. 把直流稳压电源（30 V，2 A）的输出接到励磁电流的接线柱上，开启电源，电流值调到零。

B. 开启电子束测试仪电源开关，“电子束-荷质比”开关置于荷质比方向，此时荧光屏上出现一条直线，阳极电压调到 700 V。

C. 逐渐加大直流电流使荧光屏上的直线一边旋转一边缩短，直到变成一个小光点。读取电流值，然后将电流调为零。再将电流换向开关扳到另一方，重新从零开始增加电流使屏上的直线反方向旋转并缩短，直到再次变成一个小光点，读取电流值。

D. 改变阳极电压为 800 V，重复步骤 C，直到阳极电压调到 1000 V 为止。

五、数据记录与处理

①将所测电偏转和磁偏转各数据记入表 1 中，分别作出 $D-U_d$ 和 $D-I$ 变化图线，由图线

斜率求出电偏转灵敏度 D/U_d 和磁偏转灵敏度 D/I。

表 1　偏转量 D 随 Y 偏转电压 U_d 和磁偏电流 I 的变化

U_2	格数 D	4	3	2	1	−1	−2	−3	−4
700/V	U_d/V								
	I/mA								
900/V	U_d/V								
	I/mA								

$D/U_d=$　　　　　　　　$D/I=$

②将所测各数据记入表 2 中，计算出电子荷质比 e/m 及其平均值 $\overline{e/m}$，并正确表示测量结果。

表 2　电子荷质比测量

电压 U_2 /V	$I_{正}$ /A	$I_{反}$ /A	$\bar{I}$ /A	e/m /(10^{11} C/kg)	$\overline{e/m}$ /(10^{11} C/kg)	$\Delta e/m$ /(10^{11} C/kg)	e/m /(10^{11} C/kg)
700							
800							
900							
1000							
平均值							

其中：$N=520$ 匝，$L=0.234$ m，$D_0=0.090$ m，$h=0.145$ m。

六、注意事项

①光点不能太亮，以免灼伤荧光屏。

②实验中因有高压，操作时需倍加小心，以防电击。

③在改变螺线管电流方向时，应先调节励磁电流电源输出为零，然后再扳动换向开关，使电流反向。

④改变加速电压 U_2 后，光点亮度会改变，这时应重新调节亮度，若调节亮度后加速电压有变化，再调到限定的电压值。

七、思考题

①实验时螺旋管中的电流方向为什么要反向？聚焦时电流值有何不同？为什么？

②简述“静电聚焦”和“磁聚焦”的工作原理。

③简述测量电子荷质比的实验原理。

实验 18 RC 串联电路暂态过程的研究

电容器具有储存电能容纳电荷的本领。把一个电容器 C 和电阻 R 串联后接到一个直流电源上，组成 RC 串联电路。在开关接通或断开的短暂时间内，该电路电容器上的电压和电流不会瞬时突变，而有一个过程，通常称此过程为**暂态过程**。RC 串联电路在电子技术和医用电子仪器中有着广泛的应用。例如，临床医学上使用的心脏除颤器就是利用电容器的充放电原理制成的，它在瞬间进行电击复律，以抢救那些心率失常患者的生命。

一、实验目的

①了解 RC 串联电路暂态过程中电压、电流的变化规律，加深对电容特性的理解；
②学习测量 RC 电路充放电时间常数的方法。

二、实验仪器及用具

数字万用表，电子秒表，示波器，信号源，稳压电源，开关，电阻箱，电容，导线等。

三、实验原理

1. 电容器的充电过程

图 3-30 为 RC 串联电路。当开关 K 与 1 接通时，电源 E 通过 R 对电容 C 充电。应用基尔霍夫定律，列出电路方程

$$u_R + u_C = iR + \frac{q}{C} = E$$

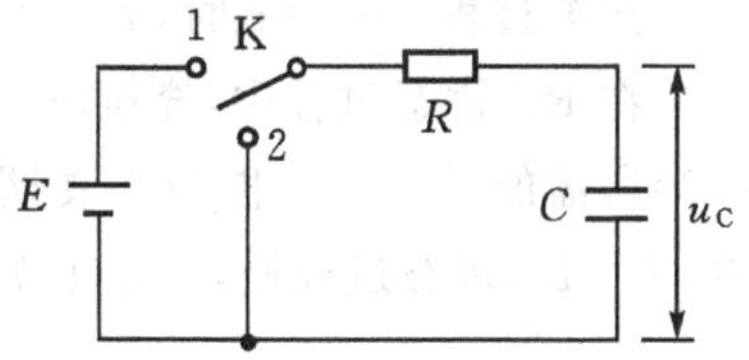

因为

$$i = \frac{dq}{dt}$$

故

$$R\frac{dq}{dt} + \frac{q}{C} = E$$

图 3-30 RC 电路

设初始条件 $t=0$ 时，$q=0$，解方程得

$$\left.\begin{aligned} u_C(t) &= E(1 - e^{-\frac{t}{RC}}) \\ i(t) &= \frac{E}{R}e^{-\frac{t}{RC}} \end{aligned}\right\} \tag{1}$$

由式(1)可见，在充电过程中，电容器两端的电压 u_C 按指数规律上升，电流 i 按指数规律下降。图 3-31 中的曲线表示了 u_C 和 q 随时间 t 的变化规律。

2. 电容器的放电过程

在图 3-30 中，当电容器充电结束后，将开关 K 与 2 接通，此时，电容器 C 将通过电阻 R 放电，电流方向与充电时相反。电路方程为

$$u_R + u_C = 0 \quad 或 \quad R\frac{dq}{dt} + \frac{q}{C} = 0$$

由初始条件 $t=0$ 时，$q=CE=q_0$，解方程得

$$\begin{cases} u_C(t) = \dfrac{q(t)}{C} = E\mathrm{e}^{-\frac{t}{RC}} \\ i(t) = \dfrac{\mathrm{d}q}{\mathrm{d}t} = -\dfrac{E}{R}\mathrm{e}^{-\frac{t}{RC}} \end{cases} \tag{2}$$

由式(2)知,RC 串联电路放电时,电容器两端的电压 u_C 随时间 t 按指数规律衰减。如图 3-32 所示。

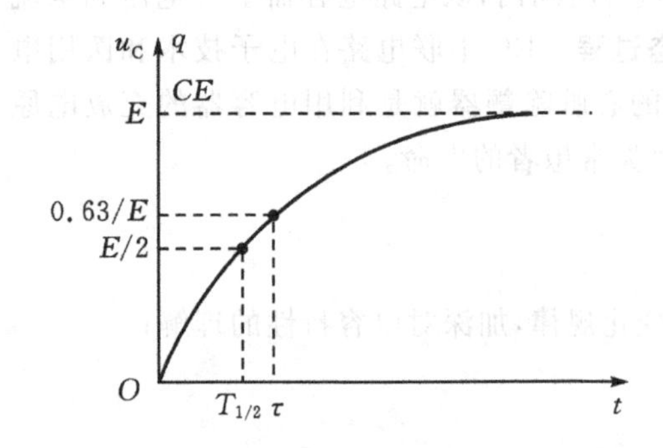

图 3-31 充电时 u_C、q 随时间变化规律

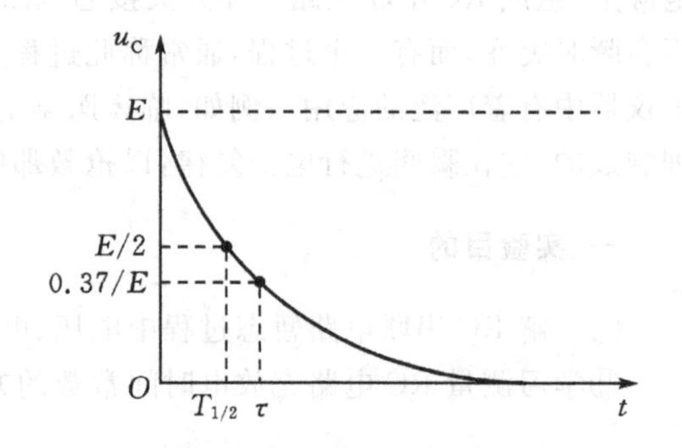

图 3-32 放电时 u_C 随时间变化规律

3. RC 串联电路的时间常数

从式(1)和式(2)可知,在 RC 串联电路的充放电过程中,电容器两端的电压 u_C 和电流 i 都是时间的指数函数,且和 R 与 C 的乘积有关,RC 大,充放电时间长,反之则短。通常将反映充放电快慢的量 RC 称为时间常数,用 τ 表示,即 $\tau=RC$。

充电过程:当 $t=\tau$ 时,$u_C=0.632E$;放电过程:当 $t=\tau$ 时,$u_C=0.368E$。

在 RC 暂态过程中,充电时 $u_C(t)$ 上升至最终值的一半或者放电时 $u_C(t)$ 下降到初始值的一半所需的时间 $T_{1/2}$ 称为半衰期。半衰期也是反映 RC 暂态过程快慢的一个物理量。很显然,$T_{1/2}$ 长,暂态过程慢,$T_{1/2}$ 短,暂态过程快。$T_{1/2}$ 与 τ 有如下关系

$$u_C(t) = \frac{1}{2}E = E\mathrm{e}^{-\frac{T_{1/2}}{\tau}} \qquad T_{1/2} = 0.693\tau = 0.693RC$$

四、实验内容与步骤

1. 用数字电压表测 RC 串联电路的暂态特性

①按图 3-30 连接电路,将稳压电源电压调至 6 V。

②用数字电压表(万用电表电压挡)测量 RC 串联电路充电(或放电)时电容上电压 u_C 值,用秒表测量充电(或放电)时间 t。

③测量 10 组数据,开始时可每 5 秒记录一次数据(测 2~3 组),以后每 10 秒记录一次数据。

2. 用示波器观察 RC 串联电路的充放电过程

①按图 3-30 接好电路,取 $R=5\ \mathrm{k\Omega}$,$C=100\ \mu\mathrm{F}$。

②打开示波器电源,调节“扫描范围”至最小,使荧光屏上出现频率最低的水平扫描线。将电容器的“+”端接示波器的“y 轴输入端”,“-”端接示波器“地”线。

③将开关合向 2，调“y 轴移位”使扫描线在屏幕中线下 5 cm 处。再将开关合向 1，使电容器充电，调节示波器的“y 轴灵敏度”，使扫描线沿 y 轴方向位于示波器中线上方 5 cm 处。经反复调节确定，此时光点在充放电过程中的活动范围处于荧光屏适中位置，幅度为 10 cm。幅度调好后，在整个实验中应保持不变。拨动开关，使电容器进行充放电，观察充放电过程。

④将 R 换成 2 kΩ，C 仍取 100 μF，再观察充放电过程。

⑤将 C 改为 200 μF，R 为 2 kΩ，作同样观察，在观察的同时，将以上各条充放电曲线描绘在同一张坐标纸上并加以比较。

3. 测定 RC 串联电路充放电的时间常数

为了测量方便且能得到较准确的结果，将示波器置于“$X-Y$”状态，此时荧光屏上为一亮点，在充放电过程中，充放电曲线变为沿 y 轴方向运动的直线。

①电路中取 $R=50$ kΩ，$C=100$ μF，将 K 与 2 接通致使放电结束。

②将 K 拨向 1，同时按下秒表计时，并记下光点升到 6.3 cm（即 $6.3E$）时的时间 t_1，t_1 即为充电时间常数，测三次，取平均值。也可测出光点上升到 5 cm（即 $E/2$）时的时间 $T_{1/2}$，再由 $T_{1/2}=0.693\tau$ 求出电路的 τ 值。

③当 C 完全充电后，迅速将 K 拨向 2，同时按下秒表计时，并记下光点下降 3.7 cm 时的时间 t_2。t_2 即为放电时间常数，共测三次求平均值。同理，也可用上述求半衰期 $T_{1/2}$ 的方法求出 τ 值。

五、数据记录与处理

表 1　RC 电路的充（放）电过程数据表

t/s	u_C/V	$\ln u_C$/V	t/s	u_C/V	$\ln u_C$/V
0			50		
5			60		
10			70		
20			80		
30			90		
40			100		

①用表 1 中测出的数据分别作 u_C-t 曲线和 $\ln u_C-t$ 直线

②用示波器显示 u_C-t 曲线。

A. 在同一坐标纸上作出三条 τ 值不同的 u_C-t 曲线。

B. 测量并计算 $R=50$ kΩ，$C=100$ μF 时的充放电时间常数 τ 值。

六、注意事项

①在观察 $u_C(t)$ 波形时，示波器的触发选择开关置于内触发位置。

②实验过程中，在电容器充放电时，不要用手触摸电极。要等电容器放电彻底结束方可拆除电路。

七、思考题

①摄影过程中,闪光灯发出的强烈闪光的能量从何而来?

②当开关K合向1对电容器C充电时,最后不能达到电源电压E值,为什么?

③临床医学上抢救心脏病患者使用的除颤器的原理是什么?(可查阅资料进行解答)

④示波器的扫描电压波形是什么形状的?它产生的原理是什么?

实验19　霍尔效应及其应用

霍尔效应是美国的物理学家霍尔(A. H. Hall),在1879年研究载流导体在磁场中的受力性质时发现的一种电磁效应。霍尔效应在当今科学技术研究的许多领域,如自动控制检测技术、电子技术和信息技术等中都有着广泛的应用。临床医学上可用来测量血流速度的电磁血流量计、电磁泵就是利用霍尔效应原理制成的。利用霍尔效应还可以判断半导体材料的导电类型、测定载流子浓度及载流子迁移率等重要参数。用霍尔元件制作的传感器也广泛用于磁场、位移、转速等实际测量中。因此,霍尔效应是电磁测量中的一个重要实验。

一、实验目的

①了解霍尔效应产生的原理;

②了解霍尔效应的副效应以及消除方法,掌握正确测量霍尔电压的方法;

③学习霍尔效应测量磁场的原理和基本方法。

二、实验仪器及用具

SH500-A型霍尔效应仪(包括双路恒流电源及导线)。

三、实验原理

1. 霍尔效应

如图3-33所示,将一块半导体薄片(即霍尔片)放在均匀的稳恒磁场 $\boldsymbol{B}$ 中,让磁场垂直通过它的两个平面,在其1、2、3、4侧面焊上电极分别引出两对接线。当沿着4、3方向通以电流 I 时,就会在霍尔片的1、2两侧表面上产生霍尔电势差(即霍尔电压)。其值可从1、2两电极引出导线接到电位差计上测得。

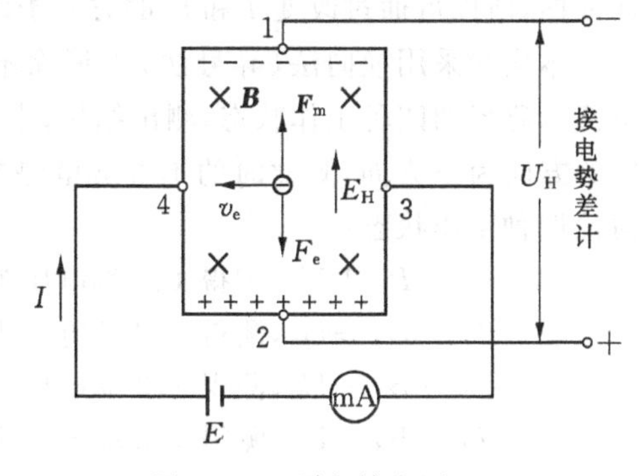

图3-33　霍尔效应原理

霍尔效应是半导体中的载流子在磁场中受到洛仑兹力作用而发生横向(垂直于磁场又垂直于电流的方向称为横向)迁移所致。薄片内定向移动的载流子受到洛仑兹力的作用而偏转。若 q、$\boldsymbol{v}$ 分别为载流子的电量和迁移速度,洛仑兹力为 $\boldsymbol{F}_{\mathrm{m}}$,即有

$$\boldsymbol{F}_{\mathrm{m}} = q\boldsymbol{v} \times \boldsymbol{B} \tag{1}$$

载流子偏转的结果使电荷在1、2两侧面累积而形成静电场,该静电场又给载流子一个与 $\boldsymbol{F}_{\mathrm{m}}$ 相反方向的电场力 $\boldsymbol{F}_{\mathrm{e}}$,设电场强度大小为 E,U_{H} 表示1、2两侧面间的电势差,b 为矩形半导体薄片的宽度,d 为霍尔片的厚度,则有

$$F_{\mathrm{e}} = qE = q\frac{U_{\mathrm{H}}}{b} \tag{2}$$

随着电荷的积累,当洛仑兹力 $\boldsymbol{F}_{\mathrm{m}}$ 和电场力 $\boldsymbol{F}_{\mathrm{e}}$ 达到平衡时将形成稳定的霍尔电压 U_{H},即

$$qvB = q\frac{U_{\mathrm{H}}}{b} \tag{3}$$

设霍尔片中载流子浓度为 n,则 $I=nqvbd$,代入式(3)可得

$$U_{\mathrm{H}} = \frac{IB}{nqd} = \frac{R_{\mathrm{H}}IB}{d} = K_{\mathrm{H}}IB \tag{4}$$

式中:R_{H}是由半导体的载流子迁移率决定的常数,称为霍尔系数;$K_{\mathrm{H}}=R_{\mathrm{H}}/d$ 称为霍尔元件的灵敏度,对测量磁场来说,它的数值越大越好。由式(4)可知,对于给定的霍尔元件,K_{H}是一个常量,如果已知霍尔片的灵敏度 K_{H},只需测出电流 I 和霍尔电压 U_{H}就可求得磁场 B。这就是利用霍尔效应测磁场的基本原理。

2. 霍尔元件副效应影响的消除

上述讨论的霍尔电压是一种理想情况,事实上,在产生霍尔效应的同时,不可避免地伴随着各种副效应(读者可自行查阅有关资料),由于各种副效应所引起的附加电压叠加在霍尔电压上,使测得的电压不等于真实的霍尔电压值,形成了测量中的系统误差,因此必须设法消除。在这些副效应产生的附加电压中,以不等势电势差 U_0的影响最大,而其它的影响在常温下较小,可以忽略不计,因此,本实验中只考虑不等势电势差 U_0的影响。

如图 3-34 所示,当霍尔元件中有电流 I 通过时,在内部形成等势面,由于测量霍尔电压的 1 和 2 电极位置的不对称,很难处在同一个等势面上,因而在电极 1、2 之间存在一定的电势差 U_0,该电势差称为不等势电势差。由于不等势电势差只与霍尔元件的工作电流和所处磁场的方向有关,且随着电流 I 和 B 的换向而换向,所以可通过改变 I 和 B 的方向予以消除。

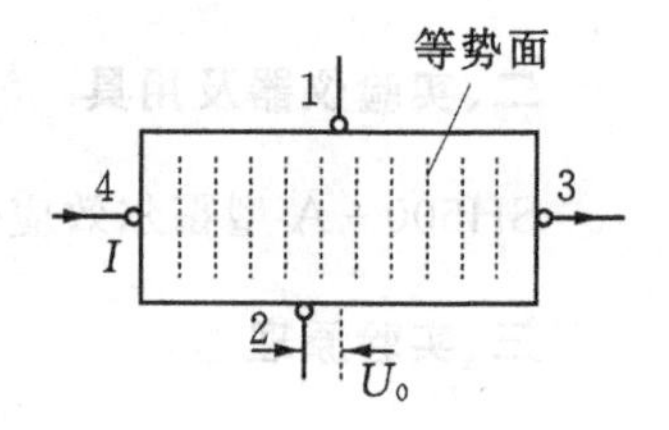

图 3-34 不等势电势差 U_0

本实验采用换向法(异号法)来消除不等势电势差 U_0,即取电流和磁场的四种工作状态,测出结果,求其平均值。在图 3-34 中,设所示的电流 I 和磁场 B 的方向为正方向,则此时的不等势电势差 U_0也为正,与图示方向相反的都为负方向。下面讨论四种工作状态:

① $+I, +B, +U_0$,测得 1、2 端电压为 $U_1 = U_{\mathrm{H}} + U_0$;

② $-I, +B, -U_0$,测得 1、2 端电压为 $U_2 = -U_{\mathrm{H}} - U_0$;

③ $+I, -B, +U_0$,测得 1、2 端电压为 $U_3 = -U_{\mathrm{H}} + U_0$;

④ $-I, -B, -U_0$,测得 1、2 端电压为 $U_4 = U_{\mathrm{H}} - U_0$。

由上面四个式子,可得霍尔电压为

$$U_{\mathrm{H}} = \frac{1}{4}(U_1 - U_2 - U_3 + U_4) \tag{5}$$

可见,通过四个工作状态的交换测量,不等势电势差被消除了,同时温差引起的附加电压也可以消除,式(5)中的 U_1、U_2、U_3、U_4分别为每一工作状态时所测得的电压值,其中 U_2和 U_3本身就是负值。因此式(5)可改写为

$$U_{\mathrm{H}} = \frac{1}{4}(U_1 + |U_2| + |U_3| + U_4) \tag{6}$$

四、仪器介绍

图 3-35 为实验装置及电路连接示意图。图中 K_1、K_2两个开关均可以换向,以改变霍尔

控制电流 I_{CH} 的方向和励磁电流 I_M(磁场)的方向。

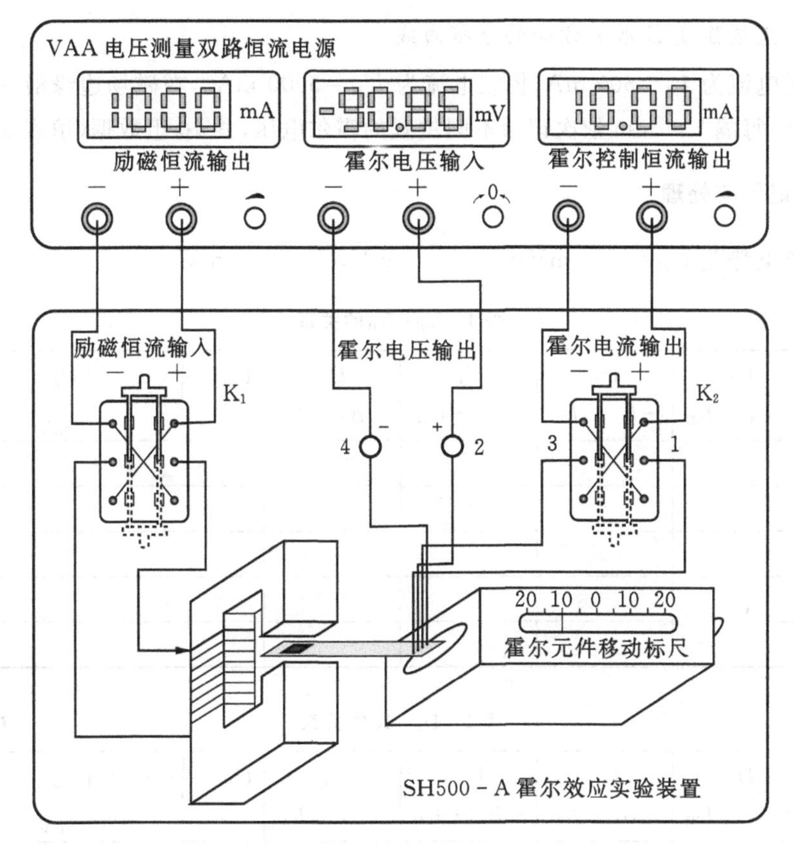

图 3-35 实验装置及电路连接示意图

五、实验内容与步骤

1. 测量霍尔元件的不等势电势差 U_0

①将电压表的正负极短路,调节调零电位器使电压显示 00.00 mV。

②按图 3-35 正确连接线路。断开开关 K_1,调节霍尔元件离开电磁铁,以免电磁铁剩磁影响测量数据。

③将开关 K_2 扳向任一边,调节霍尔控制电流 $I_{CH}=10.00$ mA,记录电压表读数 U_{01},再将开关 K_2 扳向另一边,记录电压表的读数 U_{02}。

2. 验证 U_H-I_{CH} 的线性关系

①合上 K_1,使 I_M 为某一值,调节霍尔元件在电磁铁气隙中的位置和角度,使显示的霍尔电压值最大。

②调节励磁电流 $I_M=400$ mA,调节霍尔控制电流 $I_{CH}=1.00,2.00,\cdots,10.00$ mA,依次改变励磁电流 I_M 和霍尔控制电流 I_{CH} 的方向,记录霍尔电压的数据(填表 1)。

3. 验证 U_H-I_M 的线性关系

调节霍尔控制电流 $I_{CH}=10.00$ mA,调节励磁电流 $I_M=50,100,200,\cdots,1000$ mA,依次

改变励磁电流 I_M 和霍尔控制电流 I_{CH} 的方向，记录霍尔电压的数据（填表 2）。

4. 测量磁感应强度 B 沿 x 方向的分布曲线

调节励磁电流为 $I_M=500$ mA，控制电流为 $I_{CH}=5.00$ mA，，在磁场边缘沿标尺水平方向移动霍尔元件，每隔 2.0 mm 依次记录不同位置的霍尔电压，共 10 组数据（填表 3）。

六、数据记录与处理

①不等势电势差 $U_{01}=$ mV；$U_{02}=$ mV；$\overline{U}_0=$ mV。

表 1 U_H-I_{CH} 的关系 $I_M=400$ mA

I_{CH} /mA	U_1 $+B,+I_{CH}$	U_2 $+B,-I_{CH}$	U_3 $-B,+I_{CH}$	U_4 $-B,-I_{CH}$	$\overline{U}_H=\frac{1}{4}(U_1+\lvert U_2\rvert+\lvert U_3\rvert+U_4)$ /mV
1.00					
2.00					
3.00					
⋮					
10.00					

表 2 U_H-I_M 的关系 $I_{CH}=10.00$ mA

I_M /mA	U_1 $+B,+I_{CH}$	U_2 $+B,-I_{CH}$	U_3 $-B,+I_{CH}$	U_4 $-B,-I_{CH}$	$\overline{U}_H=\frac{1}{4}(U_1+\lvert U_2\rvert+\lvert U_3\rvert+U_4)$ /mV
50					
100					
200					
⋮					
1000					

表 3 U_H-x 的关系 $I_{CH}=5.00$ mA，$I_M=500$ mA

x/mm	U_1 $+B,+I_{CH}$	U_2 $+B,-I_{CH}$	U_3 $-B,+I_{CH}$	U_4 $-B,-I_{CH}$	$\overline{U}_H$/mV	B/T
0.00						
2.00						
4.00						
6.00						
⋮						
20.00						

②根据表 1 的数据，画出 U_H-I_{CH} 曲线，验证其线性关系。

③根据表 2 的数据，画出 U_H- I_M曲线，验证其线性关系。

④根据表 3 的数据，计算出磁感应强度 B(K_H值在霍尔元件上已标出)，并画出 $B-x$ 关系曲线。

七、注意事项

①接通电源前，将励磁恒流输出调节旋钮逆时针方向旋到底，使输出电流最小。

②霍尔额定工作电流为 10 mA，实验时不宜长时间超过额定工作电流。

③实验过程中，接通和断开开关 K_1、K_2时，不可用力过大，以免损坏仪器。

八、思考题

①若磁场 $\boldsymbol{B}$ 的方向与霍尔元件的法线方向不一致，对实验结果有何影响？

②为什么霍尔效应在半导体材料中更为显著。

③本实验如何消除副效应的影响？还有哪些实验采用类似方法以消除系统误差？

第3章设计性实验

设计实验1 制作热电偶温度计

【任务和要求】

①制作热电偶(康铜-镍铬或康铜-铁)温度计;

②简要阐述实验原理,设计出测量热电偶电流的实验线路图;

③拟定实验步骤,记录和处理测量数据,作出热电偶的电流-温差关系图线,测出热电偶常数和自己手部皮肤的温度。

【实验仪器及用具】

热电偶装置(康铜-镍铬或康铜-铁),检流计,量热器,温度计,电磁炉,电阻箱,烧杯,导线,冰块等。

【原理提示】

参阅实验16的原理。

设计实验2 直流低电位差计的应用

【任务和要求】

①设计用电位差计测量电阻的线路:拟定实验步骤,改变限流电阻值,测量三次,求出待测电阻的平均值。

②设计用低直流电位差计测量生物细胞膜电位的实验方案和电路。

【实验仪器及用具】

UJ31型直流电位差计,光斑复射式检流计,直流稳压电源,电阻箱,滑线变阻器,标准电池,待测电阻,1.5 V的甲电池,导线等。

【原理提示】

1. 用电位差计测电阻

如图3-36,R_0为标准电阻,R_x为待测电阻,E为电源,R_s是滑线变阻器。

当流经R_s和R_x的电流相等,用电位差计分别测出R_s和R_x的电压U_s和U_x,则待测电阻为

$$R_x = \frac{U_x}{U_s} R_s \tag{2}$$

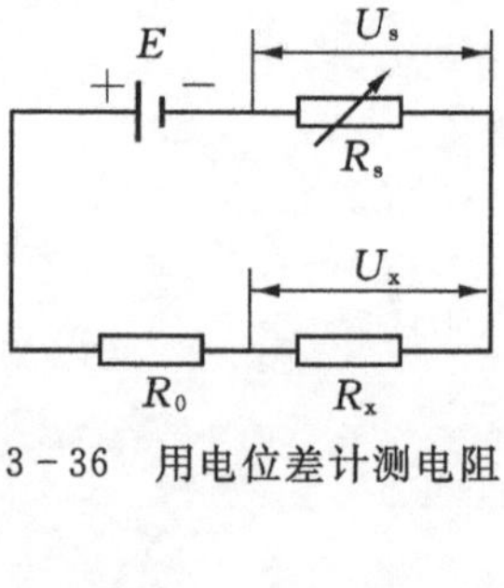

图3-36 用电位差计测电阻

2. 用低直流电位差计测量生物细胞膜电位

参阅《医用物理学》直流电路部分、《医学物理学》和《生理学》有关内容。

【注意事项】

①选择电阻箱的值 R_s 应和 R_x 值相近，且电位差计的旋钮应旋到“×10”挡。(思考为什么?)

②用电位差计测电阻时，不需再用标准电池校准工作电流。(为什么?)

设计实验 3　半导体温度计的标度

【任务和要求】

①了解非平衡电桥的原理，研究热敏电阻的温度特性；

②设计实验方案，拟定实验步骤，对热敏电阻进行标度，作出 I(格)-t℃定标曲线；

③制作热敏电阻温度计，测出自己手部皮肤的温度。

【实验仪器及用具】

QJ24 型直流单臂电桥，万用电表，微安表，电阻箱，热敏电阻，电磁炉，烧杯，导线等。

【原理提示】

1. 非平衡电桥

如图 3-37 所示，待测电阻 R_t 随温度 t 变化，即 R_t 是 t 的函数。在 t_0 时，其值为 $R(t_0)$，选好比率 R_b/R_a，调节 R_1 使电桥平衡。当待测电阻温度变为 t_1 时，其值为 $R(t_1)$。若此时保持比率 R_b/R_a 和 R_1 不变，那么电桥就失去平衡，桥路中的微安表中就有电流 I_1 流过。当温度变为 t_2、t_3、…时，相应的阻值为 $R(t_2)$、$R(t_3)$、…，微安表中相应的就有电流 I_2、I_3、…流过。也就是说，温度 t、电阻 $R(t)$和电流 $I(R)$这三个变量是一一对应的。

利用非平衡电桥可测出不同电阻时桥上微安表的读数。即将图 3-37 中的 R_t 用可变电阻箱 R 代替，其初值为 R_0 时，调节 R_1 使电桥平衡，即使微安表的读数为零。然后，每改变一次 R，记下桥上相应的电流 I 值，由此测出一组数据，作出 $R-I$ 曲线。再将电阻箱 R 用 R_t 代替，通过温度 t 的变化来改变 R_t，记录下相应的 I 值，即可从 $R-I$曲线上查出与之相对应的 R_t。由此可知，用非平衡电桥测量电阻时，应先作 $R-I$ 曲线，这一曲线称为定标曲线。对于金属电阻，定标曲线是一条直线，然后利用 $I(R)$ 的关系求出某温度时的待测电阻值。也可利用温度 t、电阻 $R(t)$和电流 $I(R)$三个变量之间的对应关系制作金属电阻温度计。

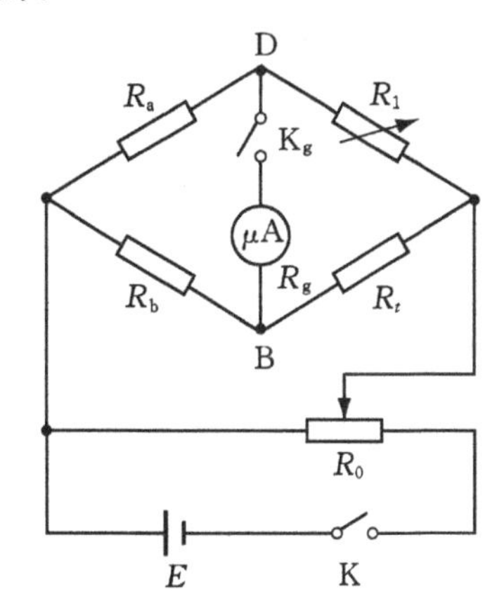

图 3-37　非平衡电桥原理图

2. 热敏电阻

热敏电阻是用半导体材料制成的，其电阻值随温度的升高按指数规律减小。这是因为半导体中载流子的数目随温度的升高而增加，载流子数目越多，则导电能力越强，电阻就越小。电阻随温度的变化关系为

$$R_t = R_0 e^{\beta(1/t - 1/t_0)} = R_0' e^{\beta/t} \tag{3}$$

式中：$R_0' = R_0 e^{-\beta/t_0}$；$R_0$ 是温度为 t_0 时热敏电阻的阻值；β 是与热敏电阻的材料有关的常数。由此可见，热敏电阻的阻值不仅与温度的关系是非线性的，而且电阻温度系数是绝对值很大的负值，故热敏电阻可觉察出 0.0005℃的温度变化。对式(3)取对数得

$$\lg R_t = \lg R_0' + \beta \lg e \cdot \frac{1}{t} \tag{4}$$

用坐标纸作出 $\lg R_t - \frac{1}{t}$ 的关系图线，是一条直线(即曲线改直)，由其斜率可求得 β，由截距求得 R_0。

由于热敏电阻对于温度变化的响应比金属电阻要灵敏得多，所以当用它代替待测电阻接入惠斯通电桥后，改变其温度，它的电阻值将发生变化，检流计 G 中流过的电流强度亦随之变化，使原来平衡的电桥变为非平衡状态。故可根据温度 t、电阻 $R(t)$ 和电流 $I(R)$ 之间的对应关系，通过实验测量，作出相应的 I(格数)$-t$℃定标曲线。即利用非平衡电桥制成热敏电阻温度计。

第 4 章　光学和近代物理学实验

光学和近代物理学实验是大学物理实验的一个重要部分，它所使用的仪器和实验操作技能，均有别于其它物理实验，有其特殊性。本章要求在已具有几何光学和波动光学知识的基础上，通过观察、调整、分析比较、使用和测量，对光学现象、基本光学仪器的使用有一定的了解，加深对光的波粒二象性本质的认识和理解，为今后在生物医学、药物检测等方面进行科学研究，使用高精度的光学仪器和测量技术打好基础。

实验 20　分光计的调整与折射率测定

分光计是一种精确测量角度的光学仪器。它主要通过对光的反射、折射、衍射等有关角度的测量来测定透明物体的折射率、光波波长、光栅常数、光的色散率等物理量。本实验通过测定三棱镜的折射率，着重学习分光计的调整与使用。

一、实验目的

①了解分光计的结构，学习分光计的调整方法；

②学会用分光计测定三棱镜的折射率。

二、实验仪器及用具

分光计(JJY 型)，汞灯及电源，玻璃三棱镜，平面反射镜。

三、实验原理

如图 4 - 1 所示，ABC 表示三棱镜的主截面。AB 和 AC 分别是三棱镜的两个光学折射面(透光的)，BC 是三棱镜的底面(磨砂面不透光)，两光学面的夹角为三棱镜的顶角。如图 4 - 1，沿主截面入射的光线 L 在 AB 面上发生了第一次折射，由于光是从光疏媒质进入光密媒质，折射角 i_2 小于入射角 i_1，光线偏向底面 BC。进入棱镜的光线在 AC 面上发生第二次折射，这里光线由光密媒质进入光疏媒质，折射角 i_4 大于 i_3，出射光线进一步偏向 BC，光线经过两次折射，其传播方向总的变化可用出射线与入射线延长线之间的夹角 δ 表示，称为偏向角。由图 4 - 1 中的几何关系可知

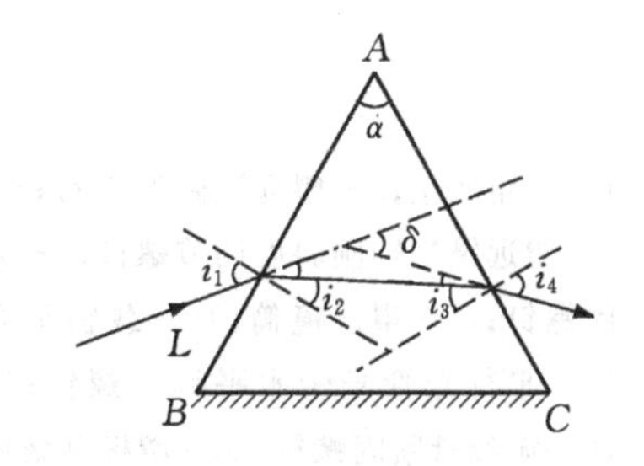

图 4 - 1　棱镜对光的折射

$$\delta = (i_1 - i_2) + (i_4 - i_3)$$

因

$$i_2 + i_3 = \alpha$$

故
$$\delta=(i_1+i_4)-\alpha \tag{1}$$

对于给定的棱镜,顶角 α 是固定的,δ 随 i_1 而变。保持入射线方向不变,转动棱镜使 i_1 变化,从而 i_4 变化,δ 亦发生变化。理论证明,当入射光线和出射光线的位置相对于棱镜对称时,即

$$i_3=i_2 \quad 或 \quad i_1=i_4 \tag{2}$$

偏向角 δ 具有极小值,称为最小偏向角,用 δ_{min} 表示。在最小偏向角的条件下,由式(1)和式(2)可得

$$i_1=\frac{\alpha+\delta_{min}}{2},i_2=i_3=\frac{\alpha}{2}$$

设空气的折射率 $n_0=1$,三棱镜的折射率为 n,根据折射定律

$$n_0\sin i_1=n\sin i_2$$

则
$$n=\frac{\sin i_1}{\sin i_2}=\frac{\sin\frac{\alpha+\delta_{min}}{2}}{\sin\frac{\alpha}{2}} \tag{3}$$

由式(3)可知,只要测出三棱镜的顶角 α 和最小偏向角 δ_{min},即可求出三棱镜对单色光的折射率 n。这种测定棱镜折射率的方法称为最小偏向角法。

四、仪器介绍

本实验使用的JJY型分光计的结构,如图4-2所示。它由平行光管、载物平台、望远镜、读数圆盘和底座五部分构成。

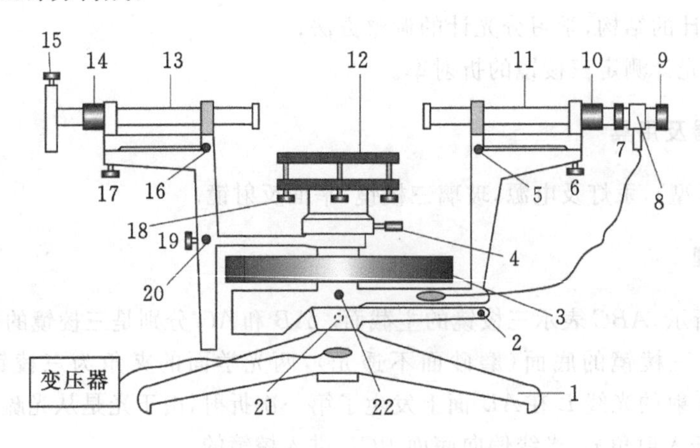

图4-2 JJY型分光计的结构图

1—三角底座;2—望远镜微调螺钉;3—刻度圆环;4—载物台紧固螺钉;5—望远镜光轴水平方向调节螺钉;6—望远镜光轴倾斜度调节螺钉;7—光源小灯(在内部);8—分划板(在内部);9—目镜调焦轮;10—目镜筒紧固螺钉;11—望远镜筒;12—载物平台;13—平行光管;14—狭缝装置紧固螺钉;15—狭缝宽度调节螺钉;16—平行光管光轴水平调节螺钉;17—平行光管光轴倾斜度调节螺钉;18—载物平台调节螺钉(三个);19—游标盘紧固螺钉;20—游标盘微调螺钉;21—望远镜紧固螺钉(在背面);22—刻度圆环紧固螺钉

①底座。分光计的下部是三脚底座,其中心固定一竖轴,称为分光计的中心主轴,与主轴套合安装在一起的是载物台,刻度圆环和游标盘以及望远镜均可绕中心主轴转动。在底座的

一个底脚上有一固定立柱，其上装有平行光管。

②平行光管。平行光管面向光源的一端是狭缝装置，另一端装有消色差透镜组，它可沿光轴移动。当调节缝宽和缝与透镜组间的距离，使狭缝位于透镜组的焦平面上时，平行光管射出平行光束。调节平行光管的水平倾斜螺钉，可使光轴与分光计的中心轴垂直。

③载物平台。载物平台用来放置平行平面镜、三棱镜、光栅等光学元件。台上装有夹持光学元件的簧片，平台下方有三个螺钉，其中心形成一个正三角形，用来调节平台的高度和水平。松开平台的固定螺钉，它可单独绕中心轴旋转或沿轴升降。

④望远镜。望远镜由物镜、分划板（叉丝）和阿贝目镜组成，其结构如图 4－3 所示。小灯泡发出的光通过绿色滤光片后，经过直角棱镜（其上刻有小十字）后，转向 90°，将分划板下部照亮，此时，可在分划板下方看到一个绿色亮框。分划板上有三个十字刻线。下部绿色亮框中的小十字与上方的十字相对于中间的十字对称。若在物镜前放置一个平面镜，由小十字发出的光通过物镜射出，经平行平面镜反射回来，从目镜中可看到绿色小十字的像。分划板十字与目镜和物镜间的距离均可调节。测量时调节微调螺钉，可使望远镜准确对准狭缝。望远镜的水平与倾斜螺钉的结构和作用与平行光管相同。

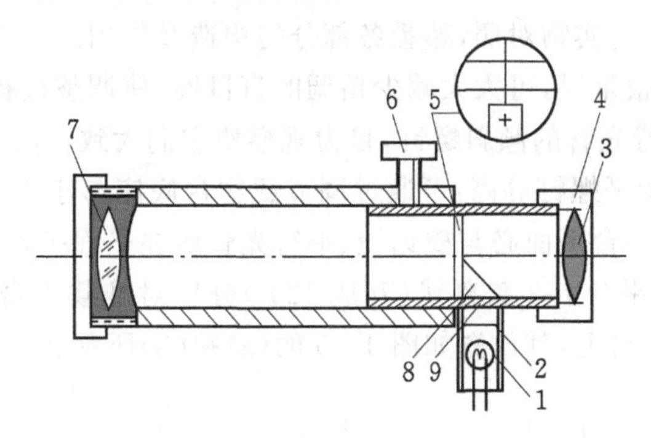

图 4－3　望远镜的结构图

1—小灯；2—滤色片；3—目镜；4—目镜调焦轮；5—十字分划板；
6—紧固螺钉；7—物镜；8—直角棱镜；9—目镜筒

⑤读数圆盘。读数圆盘由刻度圆环和游标盘组成。刻度圆环为 360°，其上刻有 720 等分的刻线，最小刻度为半度（30′），小于半度的由游标读出。游标上刻有 30 个小格，与刻度环（主尺）上的 29 格相等，故游标每一格读出的角度为 1′。角度游标的读数原理和方法与游标卡尺类似。如图 4－4(a)，游标上第 13 条线与刻度盘上的线完全重合，读数为 149°13′；如图 4－4(b)，游标上第 13 条线与刻度盘上的刻度线对齐，但游标零线过了半度线，这时，读数应为 149°43′。在测量过程中还应注意，游标“0”线是否经过刻度环的 360°刻度线（即“0”刻度线），如果越过 360°刻度线，计算角度（末读数－初读数）时，要给末读数加上 360°，才能得出正确结果。

从理论上讲，载物平台、刻度圆环和望远镜的旋转轴应与分光计的中心轴重合，平行光管和望远镜的光轴应在分光计中心轴线上相交，但在制造时存在一定的误差，为了消除刻度圆环与分光计中心轴线之间的偏心差，在刻度环同一直径的两端各装一个游标，测量时由两个游标分别读数，然后算出每个游标两次读数的差，再取平均值，这个平均值就是消除了偏心差后望远镜（或载物台）转过的角度。

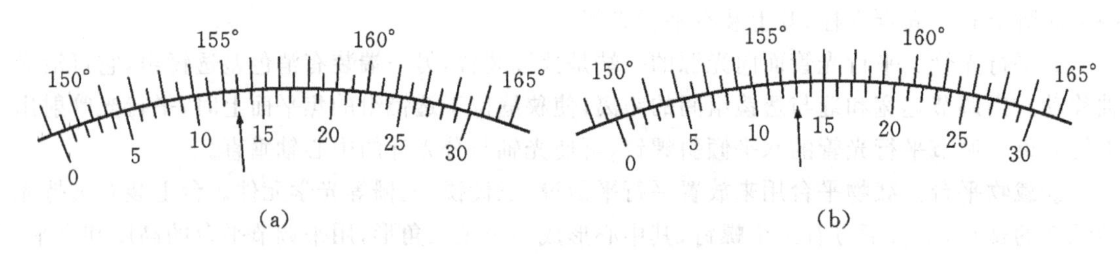

图 4-4 分光计角游标尺的读数

五、实验内容与步骤

1. 分光计的调整

为了准确测量入射光与出射光之间的偏转角，分光计在测量前必须满足 3 个条件：①入射光和出射光均为平行光；②望远镜能聚焦于无穷远；③望远镜光轴与分光计的中心主轴垂直。因此，测量前要认真仔细地对分光计进行调整，具体方法如下。

①将分光计的结构图与实物对照，熟悉各部分的构造及作用。

②目测粗调(这一步很重要，可大大减少精调的盲目性，使调整过程缩短)。

A. 调节望远镜和平行光管的倾斜螺钉，目力观察使它们大致在同一水平线上。

B. 调节载物台三个调平螺钉等高：可通过调节载物台底座与小平台之间螺钉的高度来判断(目测或数螺丝)，此时平台平面必与望远镜、平行光管所在平面平行，并与中心轴大致垂直。

C. 转动载物平台，使平台上 3 条刻线(互成 120°)分别对准载物台 3 个调平螺钉，然后将平行平面镜放置在载物平台上，其放置如图 4-5 的(a)和(b)所示。

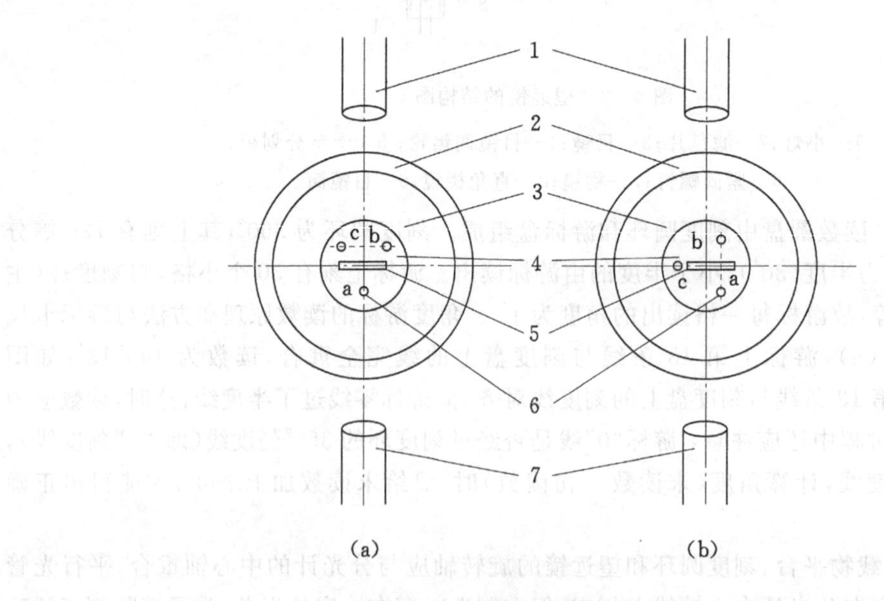

图 4-5 平面镜在载物台上的位置

1—平行光管；2—刻度圆环；3—游标盘；4—载物台；
5—平行平面镜；6—调平螺钉；7—望远镜

③用自准直法调节望远镜聚焦于无穷远：分两步调整。第一步对目镜调焦。打开小灯电源开关，微微旋动目镜，使分划板十字位于目镜的焦平面上，从目镜中可清晰地看见分划板（叉丝）。第二步将分划板十字调整到物镜的焦平面上。设平行平面镜的放置如图 4 - 5(b)所示。缓慢转动载物台底座（注：不是平台），使平面镜的“两个平面”分别正对望远镜（此时目镜视场最暗），再微调平台和望远镜的倾斜度，观察有无绿色小十字像。通常目测粗调做得仔细，很容易在望远镜中找到反射回的绿色小十字像。然后调节望远镜的焦距，即物镜与分划板间的距离，使绿色小十字像清晰。眼睛上下左右移动，若观察到绿色小十字像相对于分划板上十字有位移，即有视差存在，此时应微微前后移动目镜筒，直到无视差为止。这时分划板（叉丝）也位于物镜的焦平面上，即望远镜已聚焦于无穷远。这种用平面镜反射的方法也称为自准直法。

④调节望远镜与分光计中心轴垂直：上一步调好后，如果望远镜光轴与分光计中心轴垂直，那么转动载物台时，我们将会从望远镜中看到从平面镜两个面反射回来的绿色小十字像与分划板上方的十字重合。但一般情况下转动载物台时，从望远镜中观察到的绿十字像并不会同时和上面的十字叉丝（上十字横线）重合，而是高于或低于上横线，甚至只能看到一面的像，这时就要认真分析，确定调节方向。首先要从望远镜中能看到两面的绿十字像（目测粗调），然后采用“各减一半”法来调节。其作法是：转动望远镜使绿十字像与分划板上方的十字的竖线重合，根据绿十字像与分划板上方十字横线的垂直距离，调节 a 使绿十字像移近一半距离而靠近分划板上方十字，再调节望远镜的倾斜度调节螺钉 6 使绿十字像与分划板上方的十字重合。此后将载物台旋转 180°，使望远镜对准平面镜的另一面，用同样的方法调节载物台螺钉 a 和望远镜倾斜螺钉 6，各调一半使绿十字像与分划板上方十字无视差地重合。如此反复调节，直到平面镜两个面的绿十字像都能与分划板上方十字重合为止，即望远镜光轴与分光计中心主轴垂直。

⑤调节分划板十字线成水平、垂直状态：微微转动载物台，观察绿十字像的横线与分划板上方十字的横线是否始终重合，若不始终重合，说明分划板方位不正。松开目镜筒紧固螺钉，微微旋转目镜筒（不要前后移动），直到左右转动载物台时，绿十字像的横线与分划板上方十字的横线始终重合为止，再拧紧目镜筒紧固螺钉。

⑥调整平行光管：上述调节完成后，望远镜与载物台不能再动，取下平面镜，接通汞灯电源，照亮平行光管前端的狭缝。将望远镜对准平行光管，调节平行光管狭缝与物镜的距离，使望远镜中能看到最清晰的狭缝像，再调节狭缝像宽小于 1 mm。然后转动狭缝成水平状态，并调节平行光管的倾斜螺钉，使狭缝像的中心线与分划板中间十字的横线重合，此时，平行光管与望远镜在同一平面内，其光轴与中心轴垂直。接着将狭缝转到竖直方向，调节平行光管的水平向调节螺钉或转动望远镜，使狭缝像的中心线与分划板十字竖线无视差地重合。这时，由平行光管发出的光即为平行光。

2. 测量三棱镜的顶角 α

测量三棱镜顶角的方法有自准直法和反射法。

(1) 自准直法（法线法）

如图 4 - 6 所示，将三棱镜置于载物台上，使三棱镜的底面 BC 正对平行光管（自准法测顶角不用平行光管的光束，而是利用阿贝自准直望远镜测量），固定载物台，转动望远镜对准棱镜的 AB 面，使分划板上方十字与反射绿十字像重合，达到自准直后，从左(A)右(B)两个游标上

读出 θ_A^+ 和 θ_B^+，即测出 AB 面法线的方位角 θ_1。同样，再转动望远镜对准 AC 面，读出 θ_A^- 和 θ_B^-，测出 AC 面法线的方位角 θ_2。如图 4-6 所示，两法线的夹角为 φ，则

$$\varphi=\theta_1-\theta_2=\frac{1}{2}(|\theta_A^+-\theta_A^-|+|\theta_B^+-\theta_B^-|)$$

因 φ 角与顶角互补，故

$$\alpha=180^\circ-\varphi=180^\circ-\frac{1}{2}(|\theta_A^+-\theta_A^-|+|\theta_B^+-\theta_B^-|)$$

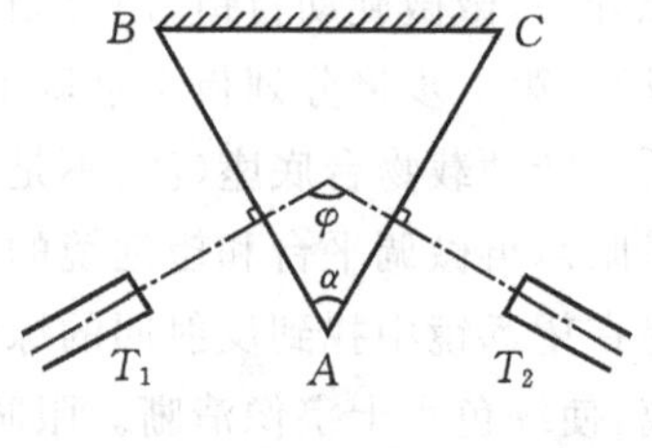

图 4-6 自准法测顶角

(2)反射法

如图 4-7 所示，把三棱镜放在载物台上，放置时应

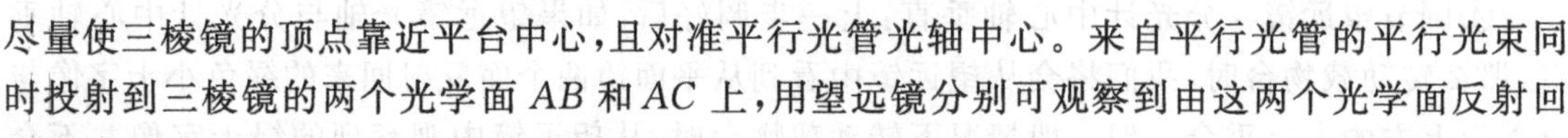

尽量使三棱镜的顶点靠近平台中心，且对准平行光管光轴中心。来自平行光管的平行光束同时投射到三棱镜的两个光学面 AB 和 AC 上，用望远镜分别可观察到由这两个光学面反射回来的狭缝像，只要测出两反射像之间的夹角 φ，即可求出顶角 α。如果从两游标读出望远镜对准两反射像的角度分别为 θ_A^+、θ_B^+ 和 θ_A^-、θ_B^-，则

$$\varphi=\theta_2-\theta_1=\frac{1}{2}(|\theta_A^--\theta_A^+|+|\theta_B^--\theta_B^+|)$$

又因为 $\alpha=\frac{\varphi}{2}$，所以

$$\alpha=\frac{\varphi}{2}=\frac{1}{4}(|\theta_A^--\theta_A^+|+|\theta_B^--\theta_B^+|)$$

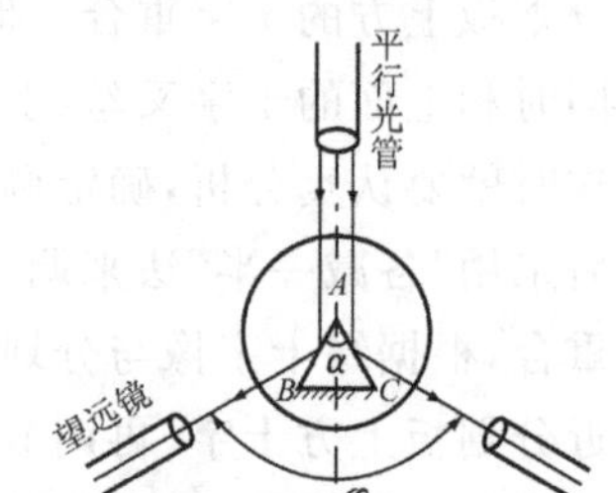

图 4-7 反射法测棱镜顶角

3. 测量最小偏向角 δ_{min}

将三棱镜置于如图 4-8 所示的载物台上。汞灯发出的复色平行光从 AC 面靠近底边处入射，经三棱镜折射而偏转，旋转望远镜至 AB 面靠近底边处，可观察到紫、蓝、绿、黄等谱线，本实验只测量棱镜对绿光的折射率。缓慢转动载物台使入射角 i_1 减小，偏向角 δ 也随之减小，这时谱线将向左移动，用望远镜的分划板十字对准绿线，继续顺时针转动载物台，望远镜也随之跟踪，当载物台转至某一位置时，谱线将反方向移动，谱线移动方向发生逆转时的偏向角就是最小偏向角 δ_{min}。调节望远镜微调螺钉，使分划板十字竖线对准处在最小偏向角位置时的绿线中心，从左右两个游标上读出这时的角度 θ_A 和 θ_B。从载物台上取下三棱镜，然后转动望远镜，对准平行光管，微调望远镜使分划板十字竖线与狭缝像的中心重合，读出角度 θ_A^0 和 θ_B^0，则

$$\delta_{Am}=\theta_A^0-\theta_A,\ \delta_{Bm}=\theta_B^0-\theta_B$$

$$\delta_{min}=\frac{1}{2}(\delta_{Am}+\delta_{Bm})$$

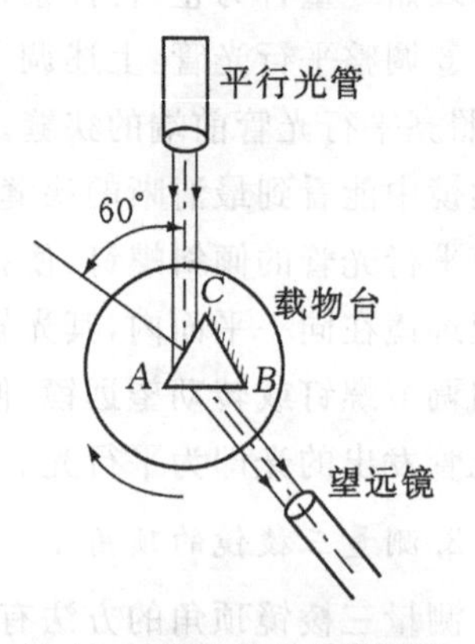

图 4-8 最小偏向角的测量

六、数据记录与处理

表 1 测量三棱镜的顶角 α

游标	分光计读数				$\varphi_A=\theta_A^- - \theta_A^+$	$\varphi_B=\theta_B^- - \theta_B^+$	$\varphi=\frac{\varphi_A+\varphi_B}{2}$	$\alpha=\frac{\varphi}{2}$
	望远镜在右边		望远镜在左边					
左	θ_A^+		θ_A^-					
右	θ_B^+		θ_B^-					

表 2 测量绿光的最小偏向角 δ_{min} （$\lambda_绿=546.07$ nm）

游标	分光计读数				$\delta_{Am}=\theta_A^0-\theta_A$	$\delta_{Bm}=\theta_B^0-\theta_B$	$\delta_{min}=\frac{1}{2}(\delta_{Am}+\delta_{Bm})$
	谱线逆转处		入射光方向				
左	θ_A		θ_A^0				
右	θ_B		θ_B^0				

①计算三棱镜的顶角 α。

②计算三棱镜对绿光的最小偏向角 δ_{min} 和折射率 n。

七、注意事项

①实验前要仔细阅读附录《光学仪器使用与维护基本知识》。

②分光计上的各个螺钉在未搞清其作用前，不要随意扭动。

③实验结束后，光学仪器镜头加盖（罩），光学元器件放回指定位置，不要放在桌子的边角处，以免损坏。

八、思考题

①用反射镜法测棱镜顶角，在平台上放置棱镜时要尽量使其顶角远离平行光管，而不能靠近平行光管，为什么？

②在调整望远镜时，为什么要消除视差？怎么样做才能消除视差？

③测量最小偏向角时，有人认为不用测入射光的方位角也能测出，你认为可行吗？他是怎样做的？

【附录】

光学仪器使用与维护基本知识

1. 光学元件和光学仪器的使用与维护

光学仪器的核心部件是光学元件，如各种透镜、棱镜、反射镜等，大多数是用光学玻璃制成的。这些元件的光学性能（如表面光洁度、平行度、透过率等）要求较高，而它们的机械性能和化学性能很差，极易被损坏。常见的损坏有：摔坏、磨损、污损、发霉、腐蚀等。因此在使用光学元件和仪器时，必须遵守下列规则。

①必须在了解仪器的使用方法、操作要求和注意事项后才能使用仪器。

②光学元件和仪器应轻拿轻放,勿受强烈冲击和震动,特别防止摔坏。光学元件不用时,应装入盒内并放在桌子的里侧。

③切忌用手触摸元件和仪器的光学表面。拿取光学元件时,手只能接触其磨砂面,如透镜的边缘,棱镜的上下表面等。

④光学面上若有轻微的污痕或指印,只能用清洁的透镜纸轻轻拂去,不要用手帕、普通纸片、衣服等擦拭。若表面污染严重,则应由实验室技术人员用丙酮或酒精清洗。

⑤如有灰尘落在光学面上,用实验室专备的干燥脱脂棉轻轻拭去或用橡皮球吹掉。

⑥实验时,不要对着光学面说话、咳嗽和打喷嚏,防止唾液溅落在光学表面上。

⑦调整光学仪器时,要耐心细致,动作要轻、慢,严禁盲目和粗鲁操作。严禁互换和拆卸仪器。

2. 光学仪器的基本调节方法

(1)共轴调节

使各光学元件的主光轴重合称为共轴调节。若光学元件均在光具座上,还必须使光轴与光具座导轨表面平行。调节方法如下。

①粗调:将光源、物(缝)屏和透镜靠拢,目测判断,使它们的中心处在一条和导轨平行的直线上,并且使物和屏面与导轨垂直。

②细调:利用光学仪器或成像规律来判断和调节。不同的仪器有不同的具体调节方法。如自准直法、二次成像法等。

(2)消除视差

光学实验中常要用目镜中的分划板十字或标尺准线来测量像的位置和大小。当像平面与分划板十字不在同一平面上时,就有视差存在,这时眼睛上下左右移动,看到的像与十字线有明显的移动。通过调焦可使像平面与分划板十字相重合,即视差消除。在光学实验中,“消除视差”是测量前必不可少的操作步骤,必须认真对待。

光学仪器在生物医学、药学等生命科学研究领域应用非常广泛,因此,学习和了解有关光学元件和仪器的使用与维护,以及掌握基本光学仪器的调节技术和测量等有关知识是十分重要的,初学者要认真阅读这部分内容。

实验 21　光的等厚干涉及其应用

光的等厚干涉是薄膜干涉的一种，牛顿环和劈尖是典型的等厚干涉现象。它们是由同一光源发出的两束光，经过牛顿环和劈尖装置所形成的空气膜上下表面反射后，在上表面相遇时而产生的干涉现象。光的干涉现象证明了光具有波动性。光的干涉原理在科学研究和精密计量技术中有着广泛的应用。例如准确测量微小长度、微小厚度(或直径)和角度、检验零件表面光洁度及平整度等，因此，光学测量是一种精确度很高的测量技术。

一、实验目的

①观察光的等厚干涉现象，了解等厚干涉的原理及特点；
②掌握用牛顿环测量平凸透镜的曲率半径和用劈尖测量薄片厚度的方法；
③进一步熟悉读数显微镜的使用，学会用逐差法处理数据。

二、实验仪器及用具

读数显微镜，钠光灯，牛顿环装置，劈尖装置。

三、实验原理

等厚干涉属于分振幅法产生的干涉现象。波长为 λ 的光线，垂直入射厚度为 h 的空气膜，分别在上下表面上依次反射，产生的反射光相遇后发生干涉。当这两束反射光的光程差

$$\delta = 2h + \frac{\lambda}{2} = \begin{cases} 2k\,\dfrac{\lambda}{2}, k = 1,2,3,\cdots \text{ 为明纹} \\ (2k+1)\,\dfrac{\lambda}{2}, k = 0,1,2,\cdots \text{ 为暗纹} \end{cases} \tag{1}$$

由式(1)可见，光程差只与薄膜厚度 h 有关，即同一级干涉条纹所对应的薄膜厚度相同，故称为等厚干涉。式中 $\lambda/2$ 是光线从光疏媒质到光密媒质的界面上反射时，由于相位突变引起的附加光程差，这种现象称为半波损失。

1. 牛顿环

如图 4-9(a)所示，将待测平凸透镜的球面(半径为 R)放在一块平板玻璃上，两者之间形成一空气薄膜，其厚度从中心接触点到边缘逐渐增加。当波长为 λ 的单色平行光垂直入射时，入射光将在空气薄膜的上下表面反射，反射光在空气薄膜的上表面处相遇发生干涉，于是，在显微镜下可看到干涉条纹。因该干涉条纹是一组以接触点为圆心，明暗交替的、中心疏而边缘密的同心圆环，故称为牛顿环，如图 4-9(b)所示。

若用 r_k 表示第 k 级暗纹的半径，h_k 表示第 k 级暗纹处对应的空气膜厚度，由图 4-9(a)中的直角三角形得

$$r_k^2 = R^2 - (R - h_k)^2 = 2Rh_k - h_k^2 \tag{2}$$

因 $R \gg h_k$，可略去式中 h_k^2，再将暗环形成条件 $h_k = k\dfrac{\lambda}{2}$ 代入得

$$r_k^2 = kR\lambda \qquad k = 0,1,2,\cdots \tag{3}$$

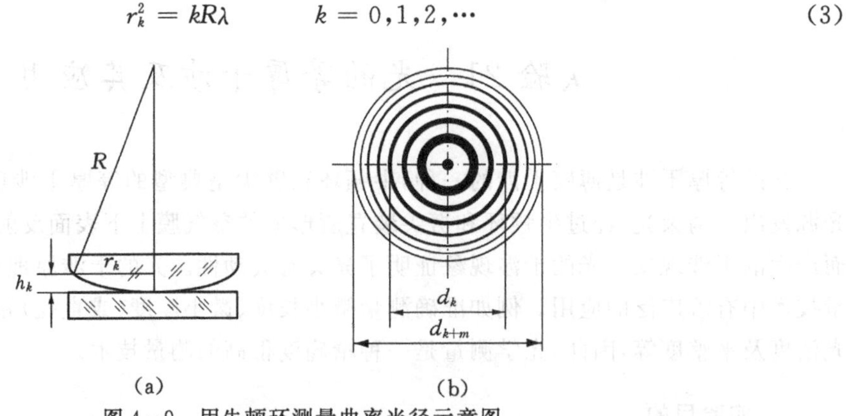

图 4-9　用牛顿环测量曲率半径示意图

(a)侧视;(b)俯视

当透镜球面与平板玻璃紧密接触时,由于压力引起玻璃弹性变形,在接触处($h=0$)为一圆形暗斑;非紧密接触时,在接触处($h\neq0$)可能为一圆形亮斑,是因两者之间有空隙,使灰尘进入,而存在附加的光程差。总之,牛顿环中心不是一个点而是一个不太清晰的圆斑,这就使暗环半径 r_k 无法准确测定。因此,改用暗环直径 d_k 代替半径 r_k。由式(3)推得

$$R = \frac{r_{k+m}^2 - r_k^2}{m\lambda} = \frac{d_{k+m}^2 - d_k^2}{4m\lambda} \tag{4}$$

式中:m 为选定的两暗环的级数差。若波长 λ 已知,通过实验测量出相应级数暗环的直径 d_{k+m}、d_k,由式(4)可求出透镜的曲率半径 R。

2. 劈尖

如图 4-10(a)所示,将两平板玻璃叠放在一起,一端夹入薄片或细丝,则在两玻璃板间构成劈尖形空气隙。当用波长为 λ 的单色平行光垂直照射时,在劈尖空气膜的上下表面反射的两束光发生干涉,在显微镜下可观察到一组平行于劈尖棱边($h=0$ 处)的明暗相间的等间距干涉条纹,在两平板玻璃接触处是暗条纹(为什么?),如图 4-10(b)所示。由式(1)知,第 k 级暗纹处的空气膜厚度 $h_k = k\dfrac{\lambda}{2}$,若加薄片后劈尖正好呈现 N 级暗条纹,则薄片的厚度为

$$D = N\frac{\lambda}{2} \tag{5}$$

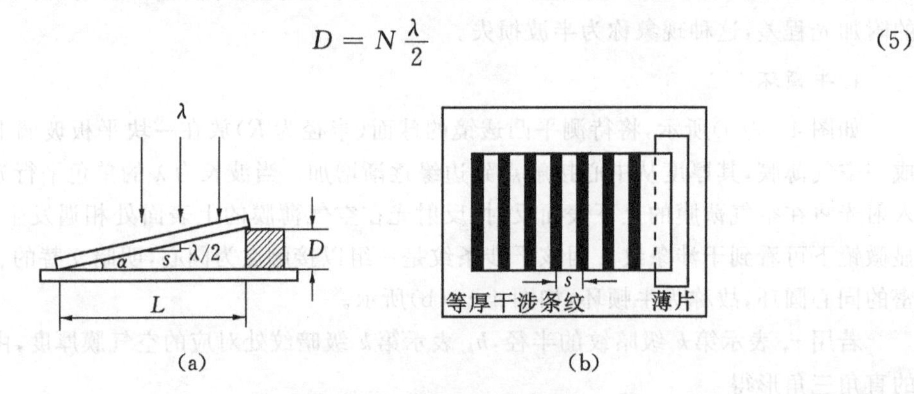

图 4-10　用劈尖干涉测量厚度示意图

(a)侧视;(b)俯视

若用 s 表示相邻两暗条纹间的距离，用 L 表示劈尖的长度，已知相邻两暗条纹所对应空气隙的厚度差为 $h_{k+1}-h_k=\frac{\lambda}{2}$，则有

$$\alpha \approx \tan\alpha = \frac{\lambda/2}{s} = \frac{D}{L}$$

薄片厚度为

$$D=\frac{L}{s}\cdot\frac{\lambda}{2} \tag{6}$$

由式(5)和(6)可测定薄片厚度 D。当 N 不是整数时，可估到十分位来计算 D。

四、实验内容与步骤

1. 测量平凸透镜的曲率半径 R

①开启钠光灯(λ=589.3 nm)电源，使其预热至正常发光。将牛顿环装置放在读数显微镜载物台上，适当调节物镜下方 45°反射镜的角度(关闭显微镜本身的反射镜)，使显微镜视野最亮。测量前参阅实验 2 中读数显微镜的调节和使用。

②调节显微镜目镜，使十字叉丝清晰，并且与 X、Y 轴大致平行。转动显微镜调焦手轮，自下而上缓慢移动镜筒，直至在目镜中观察到清晰的牛顿环。

③调整牛顿环装置，使显微镜目镜内十字叉丝对准牛顿环中心暗斑。

④转动测微手轮，使十字叉丝的交点从离开中心暗斑后的第一级暗环开始计数，依次移到第 16 级暗环，然后倒转测微手轮，使十字叉丝竖直线对准第 15 级暗环中央，此时从主尺及测微鼓轮上读取位置读数，沿一个方向转动测微手轮，依次测出第 14、13，…直至第 6 级暗环处。之后继续转动测微手轮越过中心圆斑，从另一侧第 6 级暗环开始读数，逐级测到第 15 级为止。将测得的数据记入表 1 中。

2. 测量纸片厚度 D

①将劈尖装置放在读数显微镜载物台上，适当调节 45°反射镜角度，并使显微镜聚焦，观察到清晰的劈尖干涉条纹。

②调整劈尖的位置和方向，使劈尖一端与竖直叉丝平行且重合，从该位置处开始读数，转动测微手轮，每隔 10 级暗纹读一次数，直到 80 级；接着数出劈尖长度上暗纹总级数 N；再将劈尖的长度 L 测量三次，将测得的数据记入表 2 中。

五、数据记录及处理

表 1　牛顿环直径的测量

级数 k	读数/mm		d_k/mm |末－初|	d_k^2/mm^2	$u_k=d_{k+5}^2-d_k^2$/mm^2	
	初(左)	末(右)				
15					U_{10}	
14					U_9	
13					U_8	
12					U_7	

级数 k	读数/mm 初(左)	读数/mm 末(右)	d_k/mm |末－初|	d_k^2/mm^2	$u_k=d_{k+5}^2-d_k^2/\mathrm{mm}^2$	
11					U_6	
10					$\overline{u}=\sum\limits_{i=6}^{10}\frac{u_i}{5}=$	
9						
8						
7						
6						

表 2　薄片厚度的测量

k	读数 n_k/mm	$l_k=\|n_{k+40}-n_k\|$/mm				$\overline{s}=\frac{\overline{l}}{40}$/mm
0		l_{10}				
10		l_{20}				
20		l_{30}				
30		L_{40}				
40		$\overline{l}$				
50		次数	n_0	n	$L_i=\|n-n_0\|$/mm	$\overline{L}$/mm
60		1				
70		2				
80		3				

劈尖暗纹级数 N =

①根据测量数据，用逐差法分别计算出牛顿环直径的平方差 $\overline{u}$ 和劈尖干涉的暗纹间距 $\overline{s}$，填入表中。

②用式(4)计算 R，估算平均值 $\overline{u}$ 的标准偏差 $s_{\overline{u}}$，求出 s_R 和 E_R，用 $R=\overline{R}\pm s_R$ 的形式表示测量结果。

③用式(5)计算 D 值。

④用式(6)计算 D 值，并估算平均值 $\overline{l}$ 和 $\overline{L}$ 的标准偏差 $s_{\overline{l}}$ 和 $s_{\overline{L}}$ 及相对误差 $E_{\overline{l}}$ 和 $E_{\overline{L}}$，求出 s_D 和 E_D，并以 $D=\overline{D}\pm s_D$ 的形式表示测量结果。

六、注意事项

①正确放置反射镜的方位，应使钠光经反射镜后，能反射到牛顿环或劈尖上。

②为避免螺旋空程产生的误差，整个测量过程中，显微镜测微手轮只能朝一个方向转动，中途不可进进退退。稍有倒转，全部数据即应作废。

③测牛顿环时，显微镜镜筒最初位置应放在标尺中间区域；测劈尖时，镜筒最初位置应放在标尺一端。

④实验中,不要用手触摸牛顿环和劈尖装置的光学表面,如表面不洁净,要用透镜纸轻拭。

七、思考题

①在牛顿环实验中如果平板玻璃上有微小的凸起,将导致牛顿环发生畸变。试问该处的牛顿环将局部内凹还是外凸?为什么?

②如果牛顿环中心是个亮斑,分析是由什么原因造成的?对 R 的测量有无影响?试证明之。

③透射光的牛顿环是怎样形成的?如何观察?它和反射光的牛顿环在明暗上有何区别?为什么?

④在劈尖干涉实验中,干涉条纹虽是相互平行的直条纹但彼此间距不等,这是什么原因引起的?如果干涉条纹看起来仍是直的但彼此不平行,这又是什么原因所致?

实验 22 单缝衍射的光强分布

光的衍射现象证明了光具有波动性,而光的偏振现象则证明光是一种横波。光的衍射和偏振不仅有助于加深对光的本性的认识和理解,也是现代光学技术(如光谱分析、晶体分析、全息技术、光学信息处理等)的实验基础。

光的衍射现象导致了光强在空间的重新分布,偏振现象则是光强在透过偏振片后会发生有规律的变化。利用光电器件(硅光电池或光电二极管)测量光强的相对变化,是现代光学实验中常用的一种方法。

一、实验目的

①观察和了解单缝夫琅和费衍射现象;

②掌握单缝衍射相对光强测量方法,并测定单缝的宽度;

③观察并测量偏振光光强变化的规律,验证马吕斯定律。

二、实验仪器及用具

WGZ-ⅡA 型光强分布测试仪,包括:半导体激光器,可调单缝,光电探头,数字式检流计,扩束镜及平行光管,起偏和检偏器装置。

三、实验原理

1. 测定单缝的夫琅和费衍射光强分布

要实现夫琅和费衍射,必须使光源至单缝的距离和单缝到衍射屏的距离为无限远(或相当于无限远),实验中难以实现,可采用方法之一为:在单缝前后各放置一块会聚透镜,将光源置于单缝前透镜的焦平面上,接收屏置于单缝后透镜的焦平面上,就相当于光源和接收屏位于无限远处,即"焦面接收"方式。而本实验采用"远场接收"方式。使光源和接收屏距单缝很远,即满足 $b \ll l, b \ll Z$ 的"远场接收"条件,式中 l 为光源到单缝距离,b 为单缝宽度,Z 为单缝到接收屏的距离。本实验用半导体激光器($\lambda=635.0\ \text{nm}$)作光源,因激光束发射角很小,可近似为平行光直接照射到单缝上。若单缝宽度 $b \approx 0.05\ \text{mm}$,当 $l \approx 0.2\ \text{m}$,$Z \geqslant 0.65\ \text{m}$,即可满足夫琅和费衍射条件。理论分析证明,夫琅和费单缝衍射的光强分布为

$$I = I_0 \frac{\sin^2 u}{u^2} \tag{1}$$

式中:$u=\dfrac{\pi b \sin\theta}{\lambda}$,$\theta$ 为衍射角。由式(1)可知:

①当 $\theta=0, I=I_0$ 时,光强最大,称为主极大。主极大强度决定于光源的强度和缝宽。

②当 $\theta=k\pi$,即 $\sin\theta=k\dfrac{\lambda}{b}(k=\pm1,\pm2,\cdots)$,$I=0$,出现暗纹。因为 θ 很小,近似有

$$\theta = \frac{k\lambda}{b} \tag{2}$$

所以 $$b=\frac{k\lambda}{\theta}=\frac{k\lambda Z}{x_k} \tag{3}$$

由式(3)可求出狭缝宽度。

③除主极大之外，两相邻暗纹间都有一次极大，但它们不是等间距的。由理论计算可得，这些次级大的位置出现在 $\theta\approx\sin\theta=\pm 1.43\frac{\lambda}{b}$，$\pm 2.46\frac{\lambda}{b}$，$\pm 3.47\frac{\lambda}{b}$，…处，这些次级大的相对光强 I/I_0 依次为 0.047，0.017，0.008，…，具体分布如图 4-11 所示。

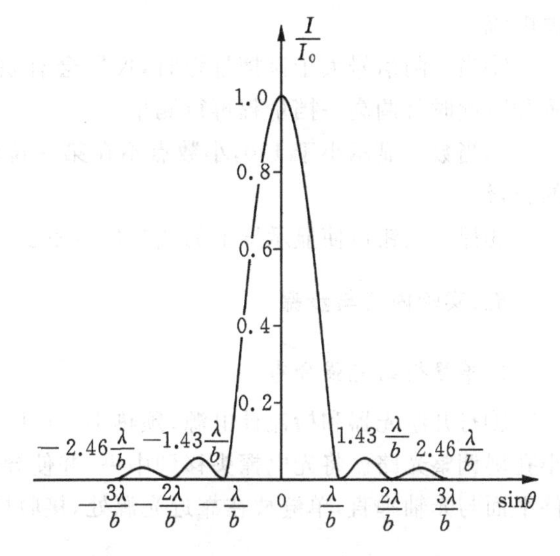

图 4-11　单缝衍射相对光强分布曲线

2. 验证马吕斯定律

原理见实验 25 原理部分。

四、仪器介绍

数字式检流计用于微电流的测量，其面板如图 4-12 所示。检流计测量范围 $1\times10^{-10}\sim1.999\times10^{-4}$ A，分为四挡，每增加一挡，量程增加 10 倍。

1 挡：0.001～1.999($\times10^{-7}$A)　内阻<10 Ω

2 挡：0.01～19.99($\times10^{-7}$A)　内阻<1 Ω

3 挡：0.1～199.9($\times10^{-7}$A)　内阻<0.1 Ω

4 挡：1～1999($\times10^{-7}$A)　内阻<0.01 Ω

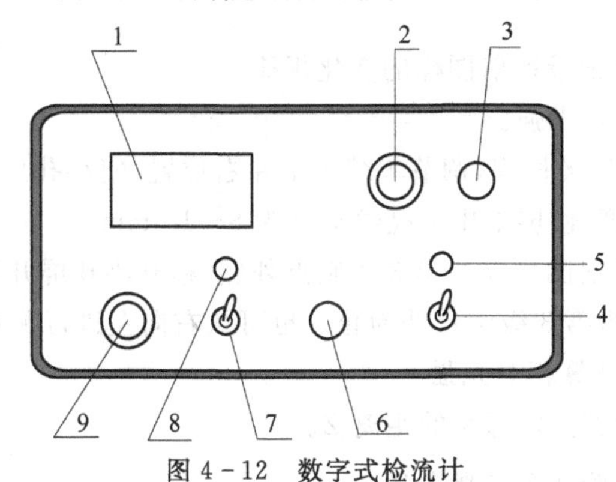

图 4-12　数字式检流计

1—数字显示窗；2—量程选择；3—衰减旋钮；4—电源开关；5—电源指示灯；
6—调零旋钮；7—保持开关；8—指示灯；9—被测信号输入口

使用方法：

①接通电源，预热 10 分钟。

②量程选择开关置"1"挡，衰减旋钮置于校准位置(即顺时针转到头，置于灵敏度最高位置)，调节调零旋钮，使数据显示为-.000(负号闪烁)。

③选择适当量程，接上测量线(线芯接负端，屏蔽层接正端，若接反会显示"-")，即可测量

微电流。

④当被测信号大于该挡量程时,仪器会有超量程指示,即屏上将显示“E”,其他三位均显示“9”,此时可调高一挡量程再行测量。

⑤当数字显示小于190,小数点不在第一位时,一般应将量程减小一挡,以充分利用仪器的分辨率。

⑥保持按钮可使显示屏上的读数保持不变。

五、实验内容与步骤

1. 单缝衍射光强分布

①打开激光器和检流计电源,预热10分钟。同时按图4-13所示的次序放置各元件,用小孔屏调整光路。将光电探头移到中央,并使导轨上的光源、单缝、光电探头等高且共轴,各器件平面与光轴垂直,单缝放在靠近光源处,接收屏放在单缝后大于0.8 m处。

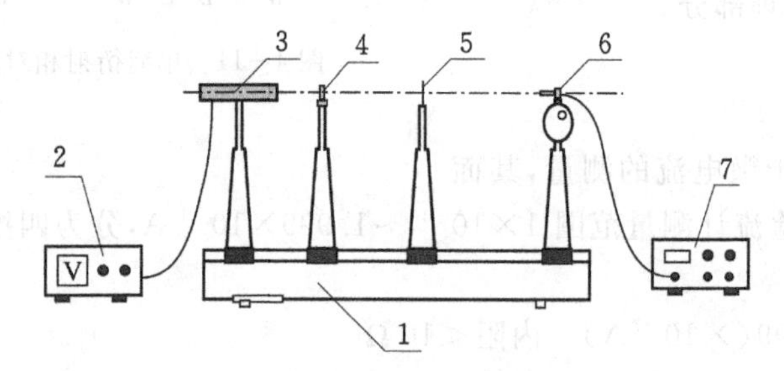

图4-13 单缝衍射装置

1—导轨;2—激光电源;3—激光器;4—单缝调节架;

5—小孔屏;6—光电接收装置;7—数字检流计

②改变b和Z观察并记录衍射图样的变化规律。

③测量衍射图样的相对光强。

A. 检流计调零,选择适当量程,调节单缝上下左右位置,使小孔屏上出现最好最亮的单缝衍射图样,再调节单缝宽度,使屏上中央亮纹宽度为8~10 mm。

B. 将光电探头移到衍射图样左边第3级暗点外侧,移开小孔屏开始测量,每隔1 mm读一次光电流值,依次测到右边第3级暗点处为止。也可从右向左进行测量。

C. 测量最大光电流,计算相对光强。

④用钢直尺测量单缝到光电探头的距离Z。

2. 观察偏振光现象并验证马吕斯定律

①按图4-14所示放置好实验装置。打开激光器预热,调好光路,使在平行光管后的小孔屏上,可见一个均匀的圆形光斑。

②打开检流计电源开关,预热并调零。去掉光电探头前的遮光筒,把探头接在检偏装置上,连好测量线。

③将起偏和检偏装置紧贴于平行光管后,使光斑能完全入射到起偏和检偏器上。

④转动刻度手轮(连检偏器),通过检流计观察光强变化并每隔6°记录光电流数值,逐点记录,测量一周。

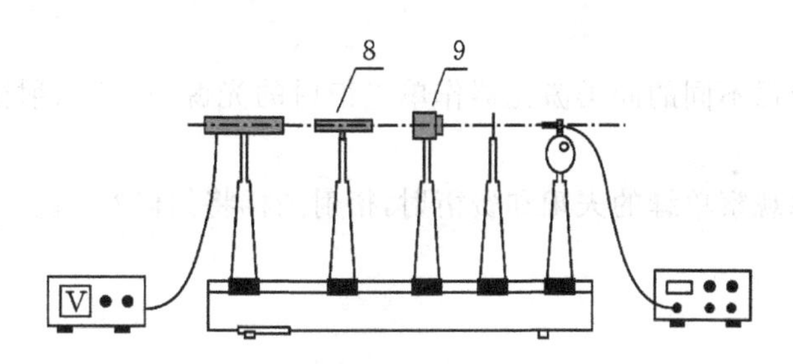

图 4-14　测量偏振光光强分布装置
8—扩束镜及平行光管;9—起偏和检偏装置

六、数据记录与处理

1. 绘制单缝衍射光强分布图

表 1　光电流与位置关系

位置 x/mm	
光电流 $I/(10^{-7}\text{A})$	
相对光强 I/I_0	

①将光电流与位置关系的数据和相对光强 I/I_0 数据记录在表 1 中。
②在坐标纸上作出相对光强与位置的关系(I/I_0-x)曲线。
③从 I/I_0-x 关系曲线求各次级大的相对光强值,并与理论值进行比较。
④由所作曲线中求出各级暗纹位置并计算缝宽 $\bar{b}$。

2. 验证马吕斯定律

表 2　不同起偏角度的光强测定

起偏器角度	
测量值 $I/(10^{-7}\text{A})$	
计算值 I	

①测定不同起偏角对应的光电流值。
②用坐标纸描绘出光强变化图。
③按照以上不同角度时的光电流值计算光强,并与马吕斯定律比较。

七、注意事项

①关掉激光器,测出本底电流,修正数据。
②作图时以中央最大相对光强处为坐标原点。

八、思考题

①若测出的单缝衍射图样对中央主极大左右不对称,是什么原因造成的?怎样调整实验

装置才能纠正？

②用两台输出光强不同的同类激光器作单缝衍射的光源，单缝衍射图样及相对光强分布有无区别？为什么？

③用白光作光源观察单缝的夫琅和费衍射，衍射图样将如何？

实验 23　用衍射光栅测量光波波长

光栅是一种重要的分光器件，常被用来准确地测定光波波长和进行光谱分析。光栅分为透射式和反射式两类。按结构又分为平面光栅、阶梯光栅、凹面光栅几种。本实验使用的是平面透射式全息光栅。光栅在生物医学领域也有广泛应用，如用于物质光谱分析的紫外吸收、荧光分光光度计等。

一、实验目的

①进一步熟悉分光计的调整和使用；
②观察光栅衍射光谱，测量汞灯谱线的波长。

二、实验仪器及用具

JJY 型分光计，衍射光栅（光栅常数 $d=\frac{1}{3000}$ cm），汞灯及电源，平面反射镜。

三、实验原理

衍射光栅是在透明体上刻上数目很多、等距的平行刻痕，刻痕不透光，两刻痕间的透明体透光，这样就形成了许多等宽等间距的平行狭缝。相邻刻痕（即相邻狭缝）之间的距离称为光栅常数。当一束平行光照射在光栅上时，光栅中每条狭缝都将产生衍射，透过各个狭缝的光还将产生干涉，所以光栅衍射条纹是两者效果的总和。

当一束平行光以与光栅法线夹角为 i 的入射角射到光栅平面时（如图 4 - 15 所示），设衍射光线与光栅平面法线所夹的角为 θ，该方向衍射光线相互干涉，在透镜焦平面产生明暗相间的条纹。当两相邻光线的光程差是入射光波长的整数倍时，则在屏上产生亮条纹，即

$$d(\sin i+\sin\theta)=k\lambda \qquad k=0,\pm 1,\pm 2,\cdots \tag{1}$$

此式称为光栅方程，式中 $d=a+b$ 为光栅常数；a 为不透光部分宽度；b 为透光部分宽度；λ 为光波波长，k 为亮纹级数。若入射光线和衍射光线在光栅平面法线的同一侧，则 θ 为正值；若在法线两侧，θ 为负值。

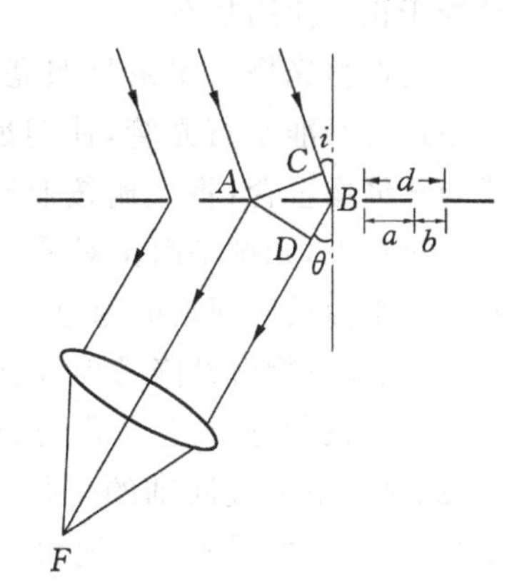

图 4 - 15　光栅衍射示意图

如果平行光垂直入射到光栅上，此时 $i=0$，光栅方程为

$$d\sin\theta=k\lambda \quad k=0,\pm 1,\pm 2,\cdots \tag{2}$$

如果入射光是复色光，由式(2)知，波长不同，衍射角也不同（$k=0$ 级除外），所以不同波长的光被分开，在透镜焦平面上，会形成以中央亮纹为中心，两侧对称分布着的各级彩色亮线，即光栅光谱。与 $k=\pm 1$ 相对应的谱线分别为 +1 级谱线和 −1 级谱线，依次还有 ±2 级、±3 级等谱线。

本实验所用光源为汞灯，它能发出波长不连续的可见光，其光栅光谱为与各波长相对应的

线状光谱,如图 4-16 所示。若光栅常数 d 已知,选定级次 k,用分光计测出各谱线的衍射角 θ,利用公式(2)就可求出各谱线对应的光波波长。

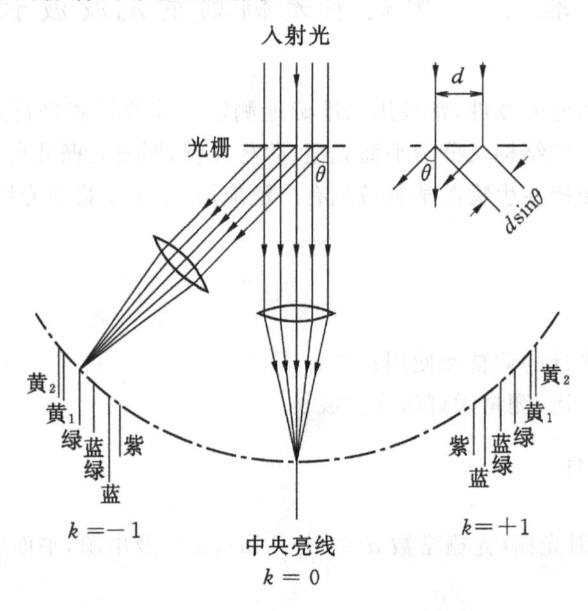

图 4-16 汞灯的光栅衍射光谱

四、实验内容与步骤

①按要求认真调整分光计(参阅实验 20),使其处于正常使用状态。

②调整光栅。用汞灯照亮平行光管狭缝,转动望远镜对准平行光管,使望远镜中分划板上竖线与狭缝像重合,将光栅按照图 4-17 所示放置在载物台上,光栅平面正对平行光管,用望远镜观察光栅平面反射回来的绿色小十字像。转动载物台,并调节载物台升降螺钉 a 或 c,使从光栅平面反射回来的绿色小十字像与分划板上方十字重合,此时与望远镜同轴的平行光管的主轴也垂直于光栅平面,然后固定载物台。

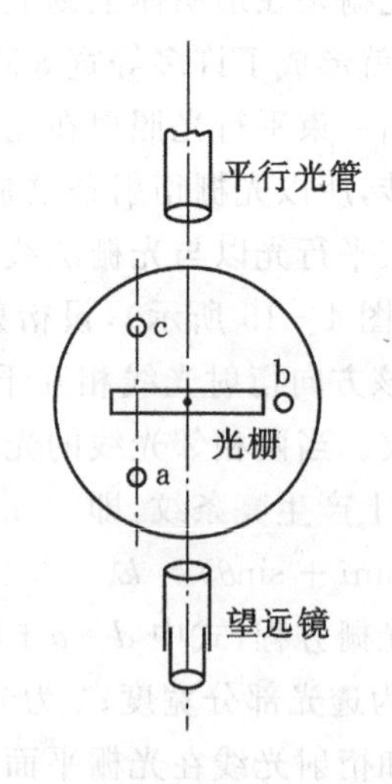

图 4-17 光栅在载物台上的位置

转动望远镜观察汞灯的衍射谱线,中央为白色亮线($k=0$),左右两边是彩色亮线(即汞的特征谱线),若两侧谱线不等高,说明光栅刻痕与分光计旋转主轴不平行,可调节螺钉 b 使两侧谱线等高。

③测量谱线的衍射角。调节狭缝宽度适中,使汞光谱中两条相距很近的黄色谱线能分开。先将望远镜转至右侧,测量 $k=+1$ 级各谱线的角位置,两侧游标读数分别记为 θ_A^{+1},θ_B^{+1},再将望远镜转至左侧,测出 $k=-1$ 级各谱线的角位置,两侧游标读数分别记为 θ_A^{-1},θ_B^{-1},利用公式 $\theta=\frac{1}{4}[(\theta_A^{-1}-\theta_A^{+1})+(\theta_B^{-1}-\theta_B^{+1})]$ 计算出各谱线的衍射角 θ。根据公式(2)计算出各谱线的

波长。

测量各谱线角位置时，为了使望远镜分划板竖线对准谱线，可使用望远镜微调螺钉 2(见图 4-2)。

重复以上步骤测量 $k=\pm2$ 级各谱线的角位置，计算出各谱线波长，求出各谱线波长的平均值，并与标准值比较，求出各谱线的百分误差。

五、数据记录与处理

表 1　汞灯谱线波长的测量　　$d=1/3000$ cm

级数 k	谱线	分光计读数				衍射角 θ	测量值 λ/nm
		望远镜在左		望远镜在右			
		θ_A^{-1}	θ_B^{-1}	θ_A^{+1}	θ_B^{+1}		
一级 $k=\pm1$	黄$_2$光						
	黄$_1$光						
	绿 光						
	蓝 光						
二级 $k=\pm2$	黄$_2$光						
	黄$_1$光						
	绿 光						
	蓝 光						

表 2　谱线波长的误差

谱 线	测量值 $\bar{\lambda}$/nm	标准值 λ_0/nm	对 λ_0 的百分误差/%
黄$_2$光			
黄$_1$光			
绿 光			
蓝 光			

六、注意事项

①实验前请仔细阅读实验 20 的附录内容。

②光栅是精密的光学元件，必须轻拿轻放，不要用手触摸光栅表面，以免弄脏或损坏光栅。

③汞灯的紫外线较强，不要直视，以免损害眼睛。

七、思考题

①为何要调整光栅平面与平行光管光轴相垂直？如果不垂直，能否测出各谱线的波长？

②如果用钠灯作光源，已知钠黄光波长 $\lambda=589.3$ nm，所用光栅每厘米有 6000 条刻痕，试计算该谱线一、二级衍射角。

③能否测出白光光源中某谱线的波长？为什么？

④试分析光栅光谱与棱镜光谱有哪些不同。

附表　常用光源的谱线波长/nm

汞(Hg)	钠(Na)	氦(He)
623.44 橙	589.592 黄(D_1)	706.52 红
579.07 黄$_2$	588.995 黄(D_2)	667.82 红
576.96 黄$_1$	氖(Ne)	587.56 黄(D_3)
546.07 绿	650.65 红	501.57 绿
491.60 蓝绿	640.23 橙	492.19 蓝绿
435.83 蓝	638.30 橙	471.31 蓝
404.66 紫	626.65 橙	447.15 紫
氢(H)	621.73 橙	402.62 紫
656.28 红	614.31 橙	388.87 紫
486.13 蓝绿	588.19 黄	
434.05 紫	585.25 黄	激光(He-Ne)
410.17 紫		632.80 橙
397.01 紫		

实验24　用阿贝折射仪测量折射率

折射率是透明材料的重要光学参数。阿贝折射仪是用来测量透明液体和固体折射率及平均色散率的仪器。由于不同物质对同一波长光的折射率和色散率不同,测定物质的折射率有助于鉴别物质的性质和成分,因此,它在生物医学、化学领域中有着广泛的应用。如在药物分析中,经常通过测定物质的折射率来判断物质的纯度,同时利用液体的折射率与浓度的关系来测定溶液浓度,这种方法称为折光分析法。

一、实验目的

①加深对全反射原理及其应用的理解;

②了解阿贝折射仪的结构原理;

③学会使用阿贝折射仪测定透明固体和液体折射率及浓度的方法。

二、实验仪器及用具

WAY-2W型阿贝折射仪,标准玻璃块,溴代萘,待测样品,不同浓度的葡萄糖溶液,滴管,脱脂棉,木夹和棉签。

三、实验原理

阿贝折射仪是利用光的全反射原理,来测定透明或半透明液体或固体的折射率的。测定透明材料折射率的方法很多,常用的有透射(掠射)法和反射(全反射)法两种方法。

1. 全反射原理

由几何光学原理可知,当光线从折射率大的介质 n_1(光密介质)进入折射率小的介质 n_2(光疏介质)时,改变入射光线的入射角可以使出射光线折射角为90°,此时的光线入射角称为全反射临界角,用 i_0 表示

$$i_0 = \arcsin\left(\frac{n_1}{n_2}\right) \tag{1}$$

阿贝折射仪就是基于全反射原理而设计的。全反射原理限定了待测物质的折射率必须小于仪器中折射棱镜的折射率。

2. 测量原理

如图4-18所示,一束光沿 S 方向入射待测样品,由于待测样品折射率小于折射棱镜折射率,光线折射,折射角为 i_0,折射光线经棱镜 BC 面出射。注意,因为待测样品的折射率不同,所以折射角 i_0 也不同,折射率大的样品(一般为固体),出射光线 EF 通常在 BC 面法线逆时针方向,而折射率较小的样品(一般为液体),出射光线 $E'F'$ 通常在 BC 面法线的顺时针方向。由折射定律

$$n_2 \sin\beta = \sin i$$

$$n_2 \sin i_0 = n_1$$

由几何关系 $i_0=\varphi\pm\beta$ 可得出

$$n_1=\sin\varphi\sqrt{n_2^2-\sin^2 i}\mp\cos\varphi\sin i \tag{2}$$

由于 φ 角的大小及折射率 n_2 已知,阿贝折射仪在制作时已将不同的 i 值换算成了与之相对应的 n 值,因此在实验中,转动棱镜来改变 i 值大小,利用望远镜在 BC 面观察。当棱镜转到一定位置时,可以看到视场一半暗一半亮,称为“半影视场”,明暗分界处即为临界角位置,并可从读数盘上直接读出待测样品的折射率。

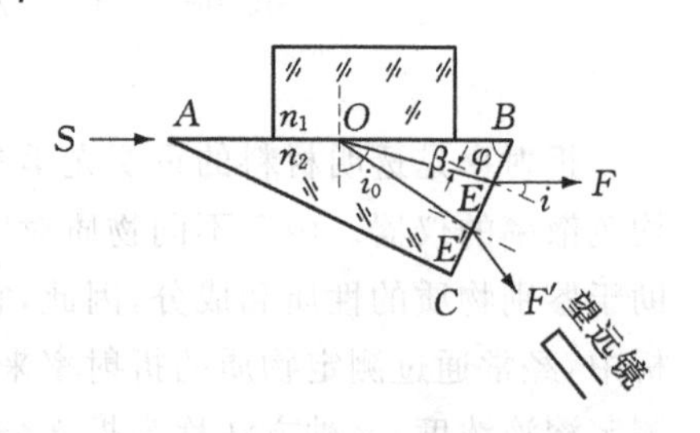

图 4-18 阿贝折射仪测量原理图

同一种物质对不同波长的单色光具有不同的折射率,因此白光通过棱镜会发生色散。物质的折射率随光波波长改变的快慢用色散率描述。色散率只由物质的特性来决定。

3. 测折射率的两种方法

(1)透射法

如图 4-19(a)所示,当一束含有不同方向光线的漫反射光照射待测样品时,光线1的入射角对于折射棱镜而言为90°,光线沿全反射临界角 i_0 折射并经 BC 面出射,出射角为 i。而光线2、3的入射角小于90°,可知经 BC 面的出射角将大于 i,所以在1′的上方没有光线出射,出射光都在1′下方,这样在望远镜中看到如图 4-19(b)所示的半影视场。

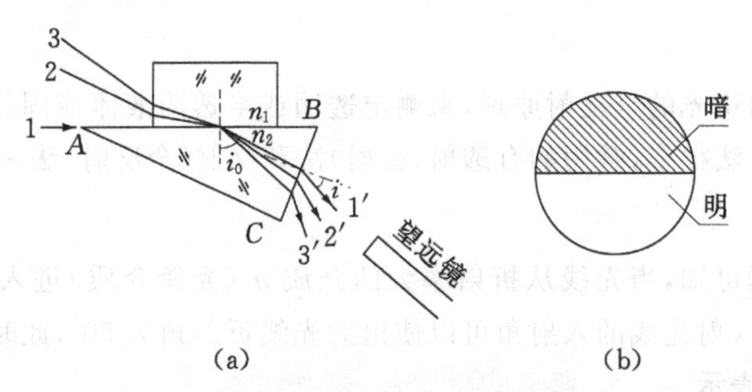

图 4-19 透射法原理及半影视场

(a)透射法原理图;(b)半影视场图

透射法通常用来测量透明固体及液体的折射率,并要求固体待测样品必须有两个相邻且互相垂直的平面,这两个平面必须经过抛光。

(2)反射法

如图 4-20(a)所示,当漫反射光线经棱镜 AC 面照射在待测样品表面时,光线反射并经 BC 面被望远镜接收,设光线1照射样品的入射角为全反射时的临界角 i_0,光线2、3的入射角大于 i_0,光线全部反射,而光线4的入射角小于 i_0,于是一部分光折射如4″,一部分光线反射并经 BC 面出射如4′,这样在望远镜中可看到如图 4-20(b)所示的半影视场,明暗分布恰好与透射法相反,但明暗差别不如透射法显著。

反射法通常用来测量半透明固体及液体的折射率,要求固体待测样品与折射棱镜相接触的表面必须经过抛光。

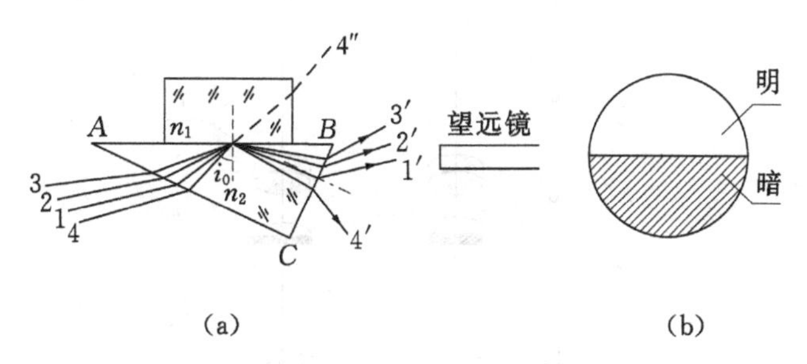

图 4-20 反射法原理及半影视场
(a)反射法原理图;(b)半影视场图

四、仪器介绍

1. 阿贝折射仪的结构

阿贝折射仪的光学系统由望远镜系统及读数系统组成,其结构如图 4-21 所示。

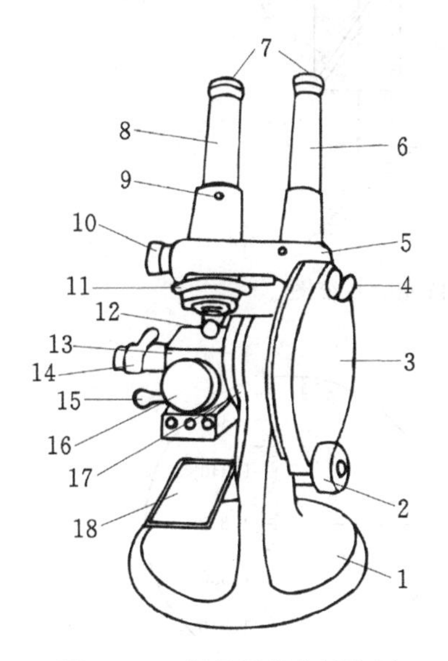

1—底座;2—棱镜转动手轮;
3—圆盘组(内有玻璃度盘);
4—小反射镜;5—支架;
6—读数镜筒;7—目镜;
8—望远镜筒;9—示值调节螺钉;
10—阿米西棱镜手轮;
11—色散值刻度圈;
12—棱镜锁紧手柄;
13—棱镜组;14—温度计座;
15—恒温器接头;16—保护罩;
17—主轴;18—反射镜

图 4-21 阿贝折射仪结构图

望远镜系统:在图 4-22 中,光线由反射镜 1 进入进光棱镜 2 及折射棱镜 3,被测样品放在 2、3 之间,经阿米西棱镜 4 抵消由折射棱镜及被测样品所产生的色散。由物镜 5 将明暗分界线成像于分划板 6 上,最后被目镜 7 放大后成像于观察者眼中。

读数系统:光线由小反射镜 14 经过毛玻璃片 13 照亮玻璃度盘 12,经转向棱镜 11 及物镜 10 将刻度成像于分划板 9 上,最后被目镜 8 放大后成像于观察者眼中。

从望远镜筒及读数镜筒中可以看到如图 4-23 的视场。

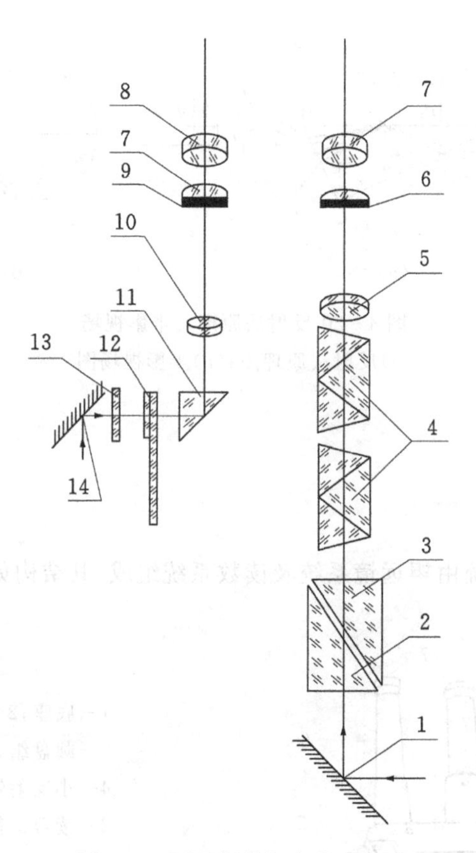

图 4-22 阿贝折射仪光学系统图

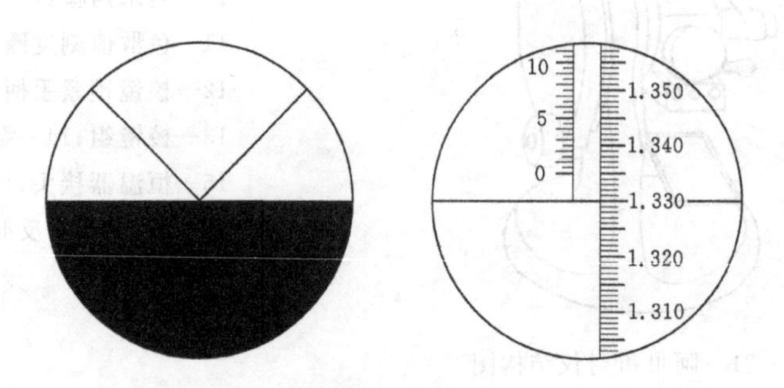

图 4-23 望远镜筒及读数镜筒中的视场

2. 阿贝折射仪的使用方法

①使用前用已知折射率的标准玻璃块校准折射率的读数。将标准块的抛光面滴一滴高折射率液体溴代萘并紧贴在阿贝折射仪的折射棱镜上,转动棱镜手轮 2,使读数恰为 n 值。然后从望远镜中看叉丝是否与黑白分界线重合,若不重合,用方孔调节扳手转动示值调节螺钉 9,使叉丝与分界线准确重合,之后不允许再动螺钉 9。

②测液体折射率时,用两个棱镜,将待测液体滴在进光棱镜 2 的磨砂面上(见图 4-22),旋转棱镜锁紧手柄,要求液体均匀无气泡并充满视场。调节反光镜照亮视场,转动棱镜手

轮 2,从望远镜视野中观察,起初在分界线上能看到各色光,分界线不明显。转动色散棱镜(阿米西棱镜)手轮 10,各色光相继消失,视场出现半边黑半边白的图像,黑白界线分明。再调节棱镜手轮 2 使叉丝交点与分界线重合,在读数镜筒中直接读出折射率的值。一般 WAY 型阿贝折射仪测量范围为 1.300～1.700,它的测量精度为 0.0003。

③测固体折射率时,固体上需有两个互成直角的抛光面。测量时不用反射镜及进光棱镜。将待测固体一抛光面涂上溴代萘并紧贴于阿贝折射仪的折射棱镜 3 上,其它操作与上述相同,若被测固体折射率大于 1.66,应改用二碘甲烷紧贴固体。

④测量物质的平均色散时,除了要测出折射率外,还要从阿贝折射仪的色散值刻度圈(见仪器说明书)11 上读出读数,利用仪器所附卡片(色散表),通过计算还可得出物质的色散率。

⑤若需测量在不同温度时的折射率,将温度计旋入温度计座内,接上恒温器,把恒温器的温度调节到所需测量温度,待温度稳定 10 分钟后即可测量。

五、实验内容与步骤

1. 测量玻璃的折射率

①按使用方法①校准仪器。

②将待测玻璃涂上溴代萘并紧贴于阿贝折射仪的折射棱镜 3 上,按仪器使用方法③测量玻璃折射率 3 次,并求平均值。

2. 测量蒸馏水、无水乙醇的折射率

打开折射棱镜锁紧手柄,用酒精棉球把两棱镜间的表面擦拭干净,待干后,滴几滴蒸馏水或无水乙醇,并锁上锁紧扳手,在锁紧前将折射棱镜上下轻振几下,使夹在棱镜表面间的液体分布均匀。然后按仪器使用方法②即可测出蒸馏水或无水乙醇的折射率,测量 3 次求平均值。

3. 测量不同浓度糖溶液的折射率 n 及该溶液的百分浓度

具体操作与步骤②相同,此时从读数镜筒视场左侧指示值读出的数值即为糖溶液的质量分数 C。

六、数据记录与处理

表 1　几种物体的折射率

次数	玻璃 n	Δn	蒸馏水 n	Δn	乙醇 n	Δn
1						
2						
3						
平均						

估算误差,并写出标准表达式。

表 2 不同浓度糖溶液的折射率和质量分数

次数	1号		2号		3号		4号	
	n	C_1	n	C_2	n	C_3	n	C_4
1								
2								
3								
平均值								
百分误差								

测出的各溶液浓度的平均值分别与标准值(原液浓度)比较,求百分误差。

七、注意事项

①严禁用手触摸光学元件抛光面、折射棱镜磨砂面及镜头。

②测量前及完毕后要用脱脂棉将两接触面擦干净,保持清洁、干燥。

八、思考题

①阿贝折射仪使用什么光源?所测得的折射率是对哪条谱线的折射率?为什么?

②试分析本实验测量误差的主要来源。

③折射液(溴代萘)起何作用?对折射率有何要求?为什么?

附表 某些常见物质的折射率(表中未注明的均为相对钠黄光 589.3 nm 的折射率)

液体	温度/℃	折射率 n	固体	折射率 n	晶体	折射率 n
盐酸	10.5	1.2540	氯化钾	1.4904	石英玻璃	1.4585
氨水	16.5	1.3250	冕玻璃 K_6	1.5111	钾盐	1.4904
甲醇	20	1.3290	冕玻璃 K_8	1.5159	岩盐	1.5443
水	20	1.3330	冕玻璃 K_9	1.5163	石英(n_o)	1.5497
乙醚	20	1.3510	钡冕玻璃 BaK_2	1.5399	石英(n_e)	1.5590
丙酮	20	1.3593	火石玻璃 F_1	1.6031	方解石(n_o)	1.6584
乙醇	20	1.3614	重冕玻璃 ZK_3	1.5891	方解石(n_e)	1.4864
三氯甲烷	20	1.4467	重冕玻璃 ZK_6	1.6126	λ(Hg546.1 nm)	
四氯化碳	20	1.4607	重冕玻璃 ZK_8	1.6140	石英(n_o)	1.5482
甘油	20	1.4730	钡火石玻璃 BaF_8	1.6259	石英(n_e)	1.5575
甲苯	20	1.4955	重火石玻璃 ZF_1	1.6475	方解石(n_o)	1.6616
苯	20	1.5012	重火石玻璃 ZF_5	1.7398	方解石(n_e)	1.4879
加拿大树胶	20	1.5300	重火石玻璃 ZF_6	1.7550	λ(Hg404.7 nm)	
溴	20	1.6540	氯化钠	1.5443	石英(n_o)	1.5419
					石英(n_e)	1.5509
					方解石(n_o)	1.6813
					方解石(n_e)	1.4969

实验 25　用旋光仪测量液体的旋光率和浓度

光的偏振和旋光现象是波动光学中的重要物理现象。这种现象证实了光是横波，即光的振动方向垂直于它的传播方向。光的偏振性和旋光性经常被用来测量旋光物质的浓度。它们在生物医学检验、制药、化学、香料、制糖工业等领域中有着广泛的应用。

一、实验目的

①了解产生和检验偏振光的原理、方法以及旋光现象；
②了解旋光仪的结构原理和使用方法；
③掌握用旋光仪测旋光性溶液的浓度和旋光率的方法。

二、实验仪器及用具

旋光仪，盛液玻璃管若干，不同浓度的葡萄糖溶液。

三、实验原理

1. 光的偏振现象

光波是电磁波，它的电矢量 $\boldsymbol{E}$ 和磁矢量 $\boldsymbol{H}$ 相互垂直，且均垂直于光的传播方向（光速 $\boldsymbol{c}$ 的方向）。通常用电矢量 $\boldsymbol{E}$ 代表光的振动方向，故称电矢量 $\boldsymbol{E}$ 为光矢量，并将光矢量和光的传播方向所构成的平面称为光的振动面。

普通光源发出的光是由大量原子或分子的自发辐射产生的，其光矢量在各个方向振动的概率相等，称为自然光。在光传播过程中，光矢量的振动方向始终沿某一确定方向的光称为平面偏振光或线偏振光。

将自然光变为偏振光的过程称为起偏，起偏的装置称为起偏器。常用的起偏器多为人造偏振片。鉴别偏振光偏振状态的过程称为检偏，用于检偏的偏振片称为检偏器。实际上，起偏器和检偏器是通用的。

如图 4-24 所示，设强度为 I_0 的线偏振光垂直入射到一个理想（不计吸收）的偏振片（检偏

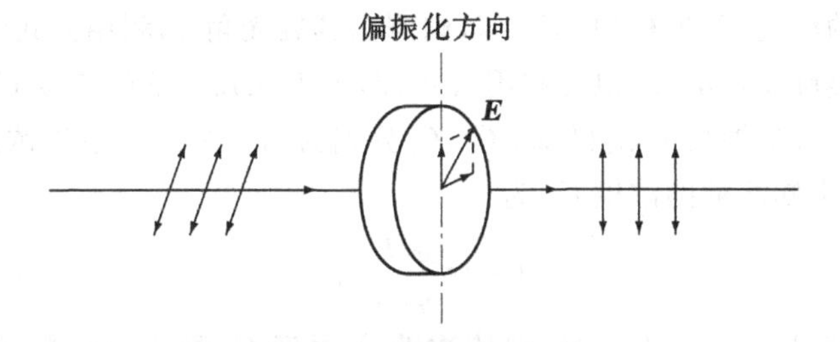

图 4-24　线偏振光通过检偏器示意图

器）上，根据马吕斯定律，则透射光的光强为

$$I = I_0 \cos^2\theta \tag{1}$$

式中:θ 为入射线偏振光振动方向和检偏器的偏振化方向之间的夹角。转动检偏器,透射光强 I 将随 θ 角发生周期性变化。当 $\theta=0$ 时,I 最大;$\theta=90^\circ$ 时,I 最小;$0<\theta<90^\circ$ 时,I 介于最大和最小值之间。

2. 旋光现象

如图 4-25 所示,线偏振光通过某些晶体和一些含有不对称碳原子物质的溶液后仍然为偏振光,但光的振动面旋转了一定角度,这种现象称为旋光现象。旋转的角度 φ 称为旋光角或旋光度。能使光振动面发生旋转的物质,称为旋光物质。物质具有的使光振动面旋转的性质,称为旋光性。旋光性有左旋和右旋之分,迎着透射光看,能使光振动面向右(顺时针方向)旋转的物质称为右旋物质;能使光振动面向左(逆时针方向)旋转的物质称为左旋物质。一般规定右旋为正,左旋为负。

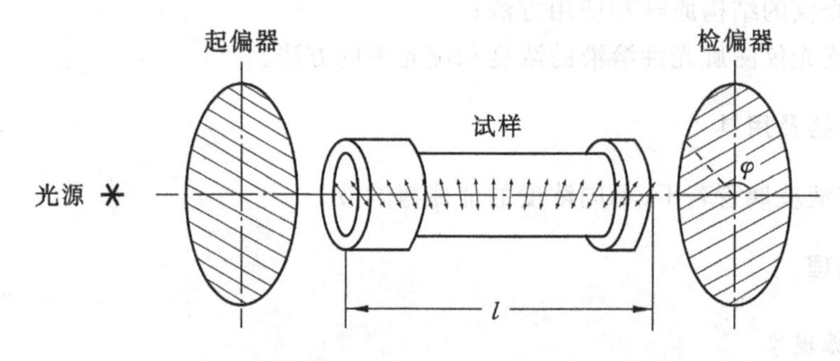

图 4-25 观测偏振光的振动面旋转的实验原理图

实验证明,偏振光通过旋光性溶液后,振动面被旋转的角度(即旋光角)与通过的溶液长度 l 和溶液中旋光物质的浓度 C 成正比,即

$$\varphi = \alpha Cl \tag{2}$$

式中:C 为溶液浓度,g/cm^3;l 表示偏振光通过溶液的长度,dm;α 称为物质的旋光率,度·dm^2/g。实验还表明,同一种旋光物质对不同波长的光具有不同的旋光率;在一定温度下,它的旋光率与入射光波长 λ 的平方成反比,即旋光率随波长的减小而迅速增大,这种现象称为旋光色散。考虑到这一情况,通常旋光仪采用钠黄光的 D 线($\lambda=589.3$ nm)来测定旋光率。故旋光性溶液的旋光角又可写为

$$\varphi = [\alpha]_\lambda^t Cl \tag{3}$$

若已知旋光性溶液的浓度 C 和液柱的长度 l,则测出其旋光角 φ,利用公式(3)可求出该物质的旋光率 $[\alpha]_\lambda^t$。对同类旋光性溶液,也可利用公式(3)求出未知溶液的浓度 C。

若同类旋光性溶液的厚度 l_1、l_2 已知,C_1、C_2 分别为已知和未知溶液浓度,其旋光角 φ_1、φ_2 由实验测出,则可得未知溶液的浓度 C_2 为

$$C_2 = \frac{\varphi_2 l_1}{\varphi_1 l_2} C_1 \tag{4}$$

显然,在式(3)中若液柱的长度 l 不变,则依次改变浓度 C,测出相应的旋光角 φ,然后画出 $\varphi-C$ 图线(旋光曲线),可得到一条直线,其斜率即为旋光率 $[\alpha]_\lambda^t$。也可以根据测出的未知溶液的旋光角 φ,从该物质的 $\varphi-C$ 图线上确定其对应的浓度。

四、仪器介绍

测定物质旋光度的仪器称为旋光仪，其结构如图 4－26 所示。测量时(不放测试管)，先将旋光仪中起偏器 4 和检偏器 7 的偏振化方向调至相互垂直，这时在目镜 10 中看到最暗的视场；然后再放入测试管 6，转动检偏器，使因振动面旋转而变亮的视场重新回到最暗，此时检偏器的旋转角度就是待测溶液的旋光度。

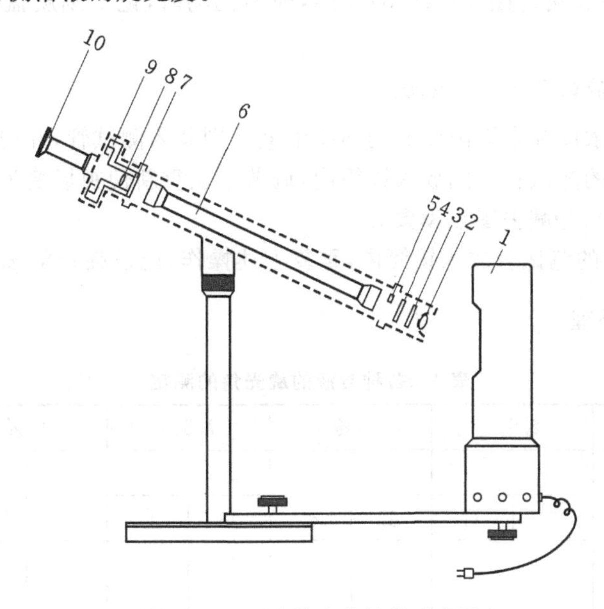

图 4－26　圆盘旋光仪结构示意图

1—钠光灯；2—会聚透镜；3—滤色片；4—起偏器；5—石英片；6—测试管；
7—检偏器；8—望远镜物镜组；9—刻度盘和游标；10—望远镜目镜组

本实验所用的旋光仪采用三分视场来确定光学零位。

从钠光灯 1 射出的光线，经会聚透镜 2 和滤色片 3 到起偏器 4 成为线偏振光，在石英半波片 5 处产生三分视场，通过检偏器 7 及望远镜物镜 8、望远镜目镜 10 可以观察到转动检偏器时，如图 4－27(a)(b)(c)(d)所示的视场亮暗变化情况。因为在不太亮的情况下，人眼辨别亮度变化的能力最强，所以常取图 4－27(b)所示的视场作为参考视场(即零视场)，此时读数应为零，由于使用者对其感觉不同，此读数可能为某一数值(即为初读数)，将最终读数值减去或加上该初读数即为测量值。

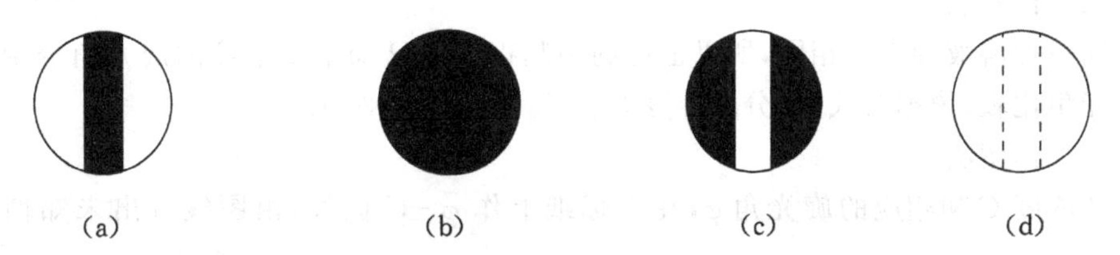

图 4－27　转动检偏器时，目镜中视场的亮暗变化图

五、实验内容与步骤

1. 调整旋光仪

①打开旋光仪电源,预热10分钟,使钠光灯正常发光。

②旋光仪不放测试管。调节旋光仪的目镜,使视场中3部分的界限清晰,转动检偏器观察视场明暗变化规律,当视场与图4-27(b)相同,即零视场时,记下刻度盘上零点读数φ_0,测3次取平均值。

2. 测定葡萄糖溶液的旋光率和浓度

①将已知的不同浓度和未知浓度的葡萄糖溶液分别装入测试管,并记录测试管长度l。

②将各已知浓度的测试管分别放入镜筒内,调节手轮重新使视场变为零视场,记录旋光角φ(测量3次求平均值),并减去零点读数φ_0。

③将未知浓度C_x的测试管放入镜筒内,重复上述操作,记录旋光角φ_x。

六、数据记录与处理

表1 各种溶液的旋光角的测定

C	0		2.5%		5%		7.5%		10%		x%	
l												
φ	左	右	左	右	左	右	左	右	左	右	左	右
1												
2												
3												
$\overline{\varphi}$												
平均												
$\Delta\varphi$	—											

数据处理

方法一 直接法

由各已知浓度依据公式(2)分别计算旋光率α_1、α_2…,求$\overline{\alpha}$,并与标准值比较,求出百分误差。由旋光率的平均值$\overline{\alpha}$和测得的φ_x,依据公式(1)计算C_x。

方法二 比较法

由于同一种溶液旋光率相同,所以也可利用测得的各已知浓度溶液的旋光角分别和未知溶液的旋光角比较,依据公式(4)分别计算C_{x1}、C_{x2},…,再求平均值$\overline{C}_x$。

方法三 作图法

由已知浓度C和相应的旋光角φ,在坐标纸上作$\varphi-C$曲线,由图线查出未知糖溶液浓度C_x。

七、注意事项

①溶液应装满测试管,装上溶液后的样品管内不能有气泡产生,样品管要密封好,不要发

生漏液现象。

②在方法三中，若测试管长度不同，首先应将旋光角换算为相同长度下的旋光角后再作曲线。

③测试管洗涤及装液时要保管好玻璃片和橡皮垫圈，防止摔碎或丢失。

④必须对旋光仪调零校正，若调不到零，需要进行数据校正。

八、思考题

①在盛有溶液的试管中存在空气泡对测量结果是否有影响？有何影响？

②不用蒸馏水校正旋光仪的零点，是否会影响实验结果的准确度？

③测量旋光角度时三分视场应选较暗的还是较亮的？为什么？此时检偏器与起偏器的夹角是多少？

附表　一些常用药物的旋光率

名称	含量	旋光率	名称	含量	旋光率
葡萄糖	100 g/L	+52.5°～+53°	黄体酮	10 g/L	+186°～+198°
蔗糖	100 g/L	+66.4°～+66.6°	肾上腺素	20 g/L	−50°～−53.5°
右旋糖酐	10 g/L	+190°～+200°	核黄素	5 g/L	−120°～−140°
乳糖	100 g/L	+52°～+52.6°	红霉素	20 g/L	−70°～−78°
谷氨酸	70 g/L	+31.7°～+32.3°	盐酸金霉素	5 g/L	−230°～−245°
维生素 C	100 g/L	+20.5°～+21.5°	盐酸四环素	10 g/L	−240°～−258°
维生素 D_3	5 g/L	+105°～+112°	盐酸土霉素	10 g/L	−240°～−258°

实验 26 光电效应及其应用

光电效应现象证明了光的量子性。它对于认识光的本质及光量子理论的建立具有重大的意义。同时,光电效应又是制作各类光电器件的物理基础,利用光电效应制成的光电器件如光电管、光电倍增管、光电池等在生物医学领域中有着广泛的应用。例如,核医学成像设备中的γ照相机的核心部件就是光电倍增管。

一、实验目的

①了解光电效应的基本规律,加深对光量子性的理解;

②测定光电管基本特性曲线;

③验证爱因斯坦光电效应方程,测定普朗克常数。

二、实验仪器及用具

汞灯光源 ,光电管暗盒, ZKY-GD-3 型光电效应测试仪。

三、实验原理

1.光电效应及其规律

一定频率的光照射在金属表面时会有电子从金属表面逸出。这种现象称为光电效应,逸出的电子称为光电子。

根据爱因斯坦假设,光是由光子流组成的,每个光子具有能量$\varepsilon=h\nu$(h为普朗克常数,公认值为6.62916×10^{-34} J·s,ν为入射光频率)。金属中的电子在获得一个光子的能量$h\nu$后,一部分用作逸出金属表面所需的逸出功W,另一部分转换为电子的初动能$\frac{1}{2}mv^2$,根据能量守恒与转换定律有:

$$h\nu=\frac{1}{2}mv^2+W \tag{1}$$

或

$$h\frac{c}{\lambda}=\frac{1}{2}mv^2+e\varphi_e$$

这就是爱因斯坦光电效应方程,式中:m为光电子质量;v为光电子逸出金属表面时的初速度;φ_e为逸出电压。

由爱因斯坦光电效应方程知:

①当光照射时,从金属表面逸出的光电子数取决于入射光强,即与光强成正比;

②只有当照射光的频率大于某一定值ν_0时,才会有光电子产生,如果光的频率$\nu<\nu_0$,则不论光的强度多大,照射时间多长,都没有光电子产生。这个频率称为金属的截止频率或称阈值频率(红限);

③光电子的能量取决于光子的频率,频率越高,能量越大。

2.光电管及其特性

光电管是利用光电效应原理制成的能将光信号转化为电信号的光电器件。当频率为

$\nu(\nu>\nu_0)$，强度为 P 的单色光入射到光电管阴极 K(涂有金属材料)上时，即有光电子从阴极逸出。若在阴极 K 和阳极 A 间加上正向电压 U_{AK}，它使逸出的光电子加速向阳极运动形成光电流，如图 4-28 所示。实验证明，光电管有如下主要特性。

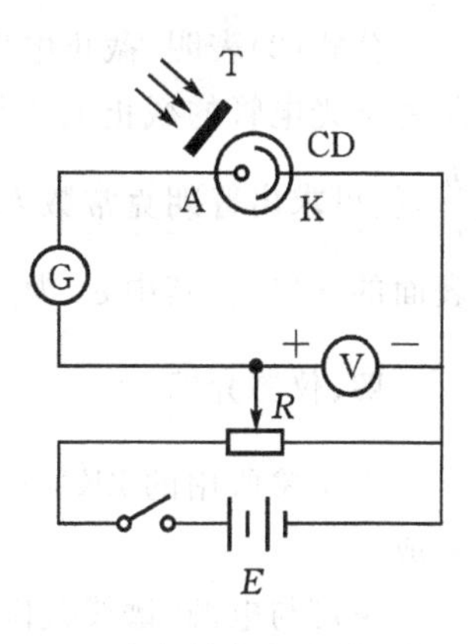

图 4-28　光电效应实验原理图

①伏安特性：当照射光频率和强度一定时，光电流随两极间电压变化的特性称为伏安特性，其曲线如图 4-29(a)所示。

由图 4-29(a)可见，正向电压增加时光电流也增加，当电压 U_{AK} 增加到 U_b 后，光电流不再增加或增加很少，达到饱和，此时的光电流称为饱和光电流。使光电流达到饱和的最小正向电压 U_b 称为饱和电压。由图可知，两极间电压 U_{AK} 为零时光电流并不为零，这是因为有些光电子具有一定的初动能，即使没有电场作用，也能到达阳极形成较小的光电流。

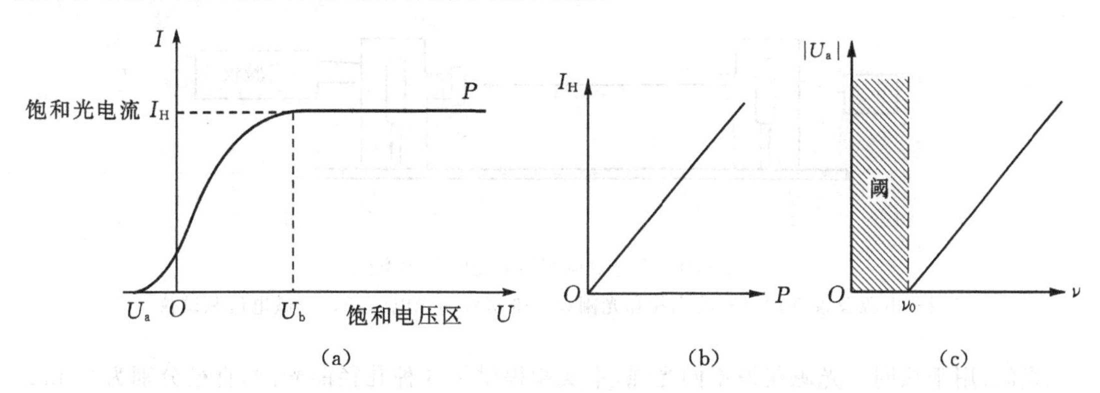

图 4-29 光电管特性图

(a)伏安特性；(b)光电特性；(c)截止电压与入射光频率关系

当光电管两端加上反向电压时，光电流迅速减小但不会立即降到零，直至反向电压达到 U_a 时，光电流才会为零，U_a 称为截止电压。

实际测量中，伏安特性比较复杂，因为光电管存在暗电流和本底电流。暗电流是指在完全没有光照射光电管的情形下，由于阴极材料本身的热电子发射及光电管管壳漏电等原因所产生的光电流。本底电流是指各种杂散光入射到光电管上所产生的光电流。这两种电流均随极间电压的大小而变化，属于实验中的系统误差，实验时可将它们测出，并在作图时消除其影响。

②光电特性：当照射光的频率和极间电压一定时，饱和光电流 I 随照射光强变化的特性称为光电特性，如图 4-29(b)所示。由图可知，饱和光电流与照射光强成正比。

3.测定普朗克常数

当光电管上的电压达到截止电压时，$\frac{1}{2}mv^2=eU_a$。由截止频率定义有 $W=h\nu_0$，将以上关系式代入爱因斯坦光电效应方程有

$$h\nu=eU_a+h\nu_0 \qquad U_a=\frac{h}{e}(\nu-\nu_0) \tag{2}$$

或

$$h\frac{c}{\lambda}=eU_a+e\varphi_e \qquad U_a=\frac{hc}{e\lambda}-\varphi_e$$

公式(2)表明,截止电压是入射光频率 ν 的线性函数,因此,只要通过实验测出不同频率光照射下光电管的截止电压与照射光频率的关系曲线,如图 4-29(c)所示,则由直线的斜率 $k=\frac{h}{e}$,就可求出普朗克常数 h,由直线的截距可求得截止频率 $\nu_0=\frac{e\varphi_e}{h}$,$e\varphi_e=W$ 为电子逸出金属表面的逸出功,其中 φ_e 为逸出电压。

四、仪器介绍

本实验所用的 ZKY-GD-3 型光电效应测试仪的结构如图 4-30 所示,它由五部分组成。

汞灯与电源:谱线范围为 320.3~872.0 nm。

滤色片:一组有色玻璃片,可以从复色光中滤选出不同的单色谱线。本实验所用滤色片透射波长分别为 365.0 nm、405.0 nm、436.0 nm、546.0 nm、577.0 nm。

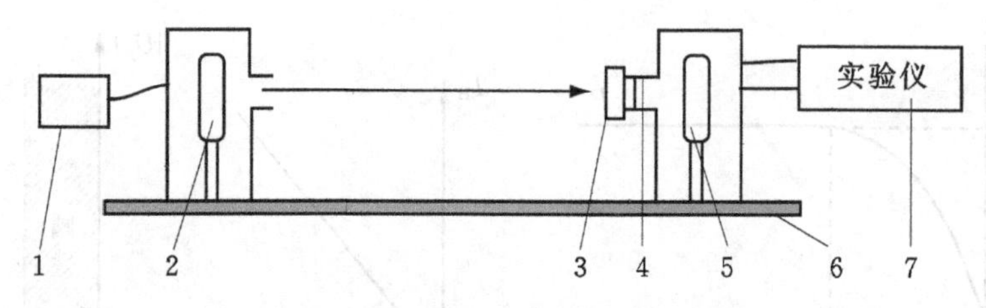

图 4-30 光电效应实验装置结构示意图

1、2—电源及汞灯;3、4—滤光片和光阑;5—带暗盒的光电管;6、7—微电流测试仪

光阑:用于从同一光源获得不同光强,本实验提供了 3 种孔径的光阑,直径分别为 2 mm、4 mm、8 mm。

带暗盒的光电管:光电管被放置在铝质的暗盒中,以避免杂散光和外界电磁场对微弱光电信号的干扰。光谱响应范围 320.0~700.0 nm。暗电流:$I\leqslant 2\times 10^{-12}$ A(-2 V $\leqslant U_{AK}\leqslant$ 0 V)。

测试仪(包括微电流放大器和光电管电源):

微电流放大器用于测量所产生的光电流。在仪器内设有精密可调的光电管电源,分为 6 挡:$10^{-8}\sim 10^{-13}$ A,分辨率 10^{-14} A,三位半数显,稳定度 $\leqslant 0.2\%$。

光电管电源分为 2 挡,分别为 $-2\sim+30$ V 和 $-2\sim+2$ V,三位半数显,稳定度 $\leqslant 0.1\%$。

五、实验内容与步骤

1. 测试前准备

按图 4-30 放置好仪器,用挡光盖盖住光源的出光孔和光电管的入光孔。调节汞灯与光电管的间距为 30 cm,并保持不变。打开光源预热 10 min,再打开测试仪电源开关。将“电流量程”选择开关置于所选挡位,仪器在充分预热后,进行测试前调零,旋转“调零”旋钮使电流指示为 000.0。

2. 光电管特性研究

(1)测定光电管的伏安特性

①取下光电管入光孔上的挡光盖,换上直径 2 mm 的光阑和波长 546.0 nm 的滤光片,再

取下光源的挡光盖。

②电流表量程选择$\times10^{-10}$ A，调节测试仪上电压调节旋钮，使电压由-2 V逐渐升高至30 V，每隔2 V测出相应电压下的光电流。

③换上直径4 mm的光阑，重复步骤②。

(2)测定光电管的光电特性

电流表量程选择$\times10^{-11}$ A，将光电管极间电压固定在饱和区的某一适当数值($U>U_m=$25 V)，光电管入光孔装上波长为577.0 nm的滤光片，分别测出光阑直径为2 mm、4 mm、8 mm时对应的饱和光电流I_H。

3. 普朗克常数测定

①测量不同波长时的截止电压U_a：电流表量程选择$\times10^{-13}$ A，光阑直径选择4 mm，在光电管入光孔装上波长365.0 nm的滤光片，取下光源出光孔上的挡光盖，在$-2\sim+2$ V之间调节极间电压，当光电流为零时，所对应的电压即为截止电压。

②取下365.0 nm的滤光片，依次装上波长λ为405.0、436.0、546.0、577.0 mm的滤光片，重复上述步骤。滤光片应从短波向长波方向更换。

六、数据记录与处理

1. 光电管特性的研究

(1)光电管的伏安特性

表1 光电管伏安特性 **λ=546.0 nm**

d	U/V	
4 mm	$I/(10^{-10}$ A)	
2 mm	$I/(10^{-10}$ A)	

在坐标纸上作出光电管伏安特性曲线，在同一坐标中作出两条曲线。

(2)光电管的光电特性

表2 光电管的光电特性

λ/nm	d/mm	2	4	8
577.0	$I/(10^{-11}$ A)			

在坐标纸上作出饱和电流I_H随d^2的变化曲线。

2. 普朗克常数测定

表3 截止电压U_a与频率ν的关系 **$I/(10^{-13}$ A)**

λ/nm	365	405	436	546	577
U_a/V					
$\nu/(10^{14}$ Hz)					

在坐标纸上作出截止电压U_a随照射光频率ν变化的图线。求出直线斜率k,进而求出普朗克常数h,并与公认值比较,计算相对百分误差。

七、注意事项

①不要将光电管暴露在强光下,更换滤光片或光阑时,要先将光源出光孔用挡光盖盖上,做完实验要立即关闭光源,并盖上光电管入光孔。

②勿用手触摸滤光片,保持滤光片表面清洁,小心使用,防止污染、打碎。

八、思考题

①了解光电管的伏安特性及光电特性有何实用意义?

②如果某种材料的逸出功为2.0 eV,用它做成光电管阴极时能探测的波长红限(截止波长)是多少?

③从截止电压U_a与入射光频率ν的关系图线,能确定阴极材料的逸出功吗?

实验 27　密立根油滴法测定电子电荷

密立根油滴实验是物理学发展史上一个很重要的实验，1906—1917 年，密立根(R. A. Millikan)用了 11 年时间终于测出单个电子电荷值。这个实验最先证明了任何带电物体所带的电荷量都是某一个最小电荷——电子电荷(基本电荷)的整数倍，证实了基本电荷的存在，明确了电荷的不连续性(电荷的量子性)。密立根油滴实验设计巧妙，方法简便，测量结果准确，被公认为实验物理学的光辉典范。

一、实验目的

①验证电荷的量子性；
②测量电子的电荷值；
③学会作统计直方图。

二、实验仪器及用具

OM99SCCD 密立根油滴仪，喷雾器，气压计等。

三、实验原理

通过测定油滴所带的电量，从而确定电子电荷，可以用平衡测量法，也可以用动态测量法。以下介绍平衡测量法的原理。

在图 4 - 31 中给水平放置的平行极板加上电压，如果带电油滴在这个电场中运动，就会受到电场力、重力、空气浮力和黏滞阻力 4 个力的作用。若调节两极板间的电压 U，使油滴受力平衡后静止不动，即油滴运动速度为零，这时，黏滞阻力为零，油滴受到的电场力＝重力—空气浮力，其数学表达式为

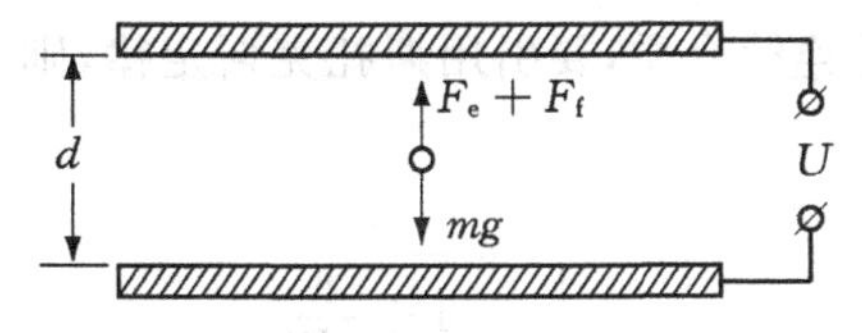

图 4 - 31　带电油滴在平行极板间静止时受力情况

$$F_e = mg - F_f \tag{1}$$

式中

$$\begin{cases} F_e = QE = Q\dfrac{U}{d} \\ mg = \dfrac{4}{3}\pi r^3 \rho_{油}\ g \\ F_f = \dfrac{4}{3}\pi r^3 \rho_{空}\ g \end{cases} \tag{2}$$

将式(2)代入式(1)中，可得

$$Q\frac{U}{d}=\frac{4}{3}\pi r^3 g(\rho_{油}-\rho_{空})$$

或写成

$$Q\frac{U}{d}=\frac{4}{3}\pi r^3 g\rho \tag{3}$$

式中:U 为平衡电压(即油滴受力平衡时的电压);d 为平行极板的间距;r 为球形油滴的半径;g 为重力加速度;$\rho_{油}$、$\rho_{空}$ 分别为油滴及空气的密度,$\rho=\rho_{油}-\rho_{空}$。由式(3)可见,只需将 U、d、r、g、ρ 等量测量出来,就可以算出油滴的带电量 Q 值。上述物理量中,油滴半径不易直接测量,只能用间接测量的方法。

当处于平行极板间的油滴受力平衡而静止不动时,去掉平行极板的电压,这时,极板间没有电场,油滴在重力作用下迅速下降。根据斯托克斯定律,油滴在连续介质中运动时,所受的黏滞阻力与其运动速度 v 成正比,即

$$F_v=6\pi\eta rv$$

当油滴的运动速度增大到一定值时,油滴受力达到平衡,将以匀速率 v 下降,此时空气黏滞阻力=重力-空气浮力,即

$$F_v=mg-F_f$$

可得

$$6\pi\eta rv=\frac{4}{3}\pi r^3 g\rho \tag{4}$$

式中:η 为空气的黏度;v 称为终极速率,可由油滴匀速下落的距离 s(即通过分划板上测微尺的格数×0.25 mm/格)及下落时间 t 来确定,即

$$v=s/t \tag{5}$$

故由式(4)、(5)可得油滴的半径为

$$r=\sqrt{\frac{9\eta v}{2\rho g}}=\sqrt{\frac{9\eta s}{2\rho g t}} \tag{6}$$

由于油滴很小,它的半径与空气分子的平均自由程($10^{-6}\sim10^{-7}$ m)很接近。因此,空气相对于油滴来讲,已不能看成是连续介质,要引用斯托克斯定律,则必须对空气的黏度 η 进行修正。修正后的空气黏度 η' 为

$$\eta'=\frac{\eta}{1+\frac{b}{rP}} \tag{7}$$

式中:b 为修正常量;P 为大气压强。由式(6)及式(7)得

$$r=\sqrt{\frac{9\eta}{2\rho g}\frac{s}{t}\frac{1}{\left(1+\frac{b}{rP}\right)}} \tag{8}$$

由式(3)及式(8)可得

$$Q=\frac{18\pi\eta^{\frac{3}{2}}}{\sqrt{2\rho g}}\frac{d}{U}\left(\frac{s/t}{1+\frac{b}{rP}}\right)^{\frac{3}{2}} \tag{9}$$

式(8)根号中仍包含油滴的半径 r,但因它处于修正项中,不需要十分精确,因此可用式(6)计算油滴的半径 r,代入式(9)即可计算出带电量 Q。式中的 η、d、ρ、g、s、b 等量由实验室给出,平

衡电压 U、下落时间 t 及大气压强 P 由实验测得。

平衡测量法原理简单，现象直观，但需调整平衡电压。动态法在原理和数据处理方面要繁锁一些，但它不需调整平衡电压，这里不再介绍。实际上平衡法是动态法的一个特殊情况，当调节极板间电压 U 使油滴受力达到平衡，即是平衡测量法。

四、仪器介绍

密立根油滴仪面板如图 4-32 所示。它的核心部分是油滴盒，其结构如图 4-33 所示。

油滴盒由两块经过精磨的平行上、下电极板中间垫以圆环状绝缘圈组成。平行极板间距离为 d，油滴盒放在有机玻璃防风罩中。上极板中央有一个直径为 0.4 mm 的小圆孔，油滴从油雾室经油雾孔从上极板小圆孔落入平行极板中。实验时，要求平行极板水平放置，使电场力与重力平行，为此，油滴仪上装有调平螺钉和水准泡。

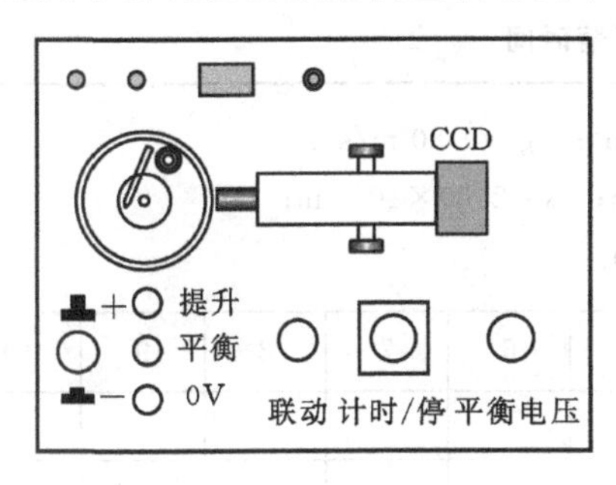

图 4-32　密立根油滴仪面板图

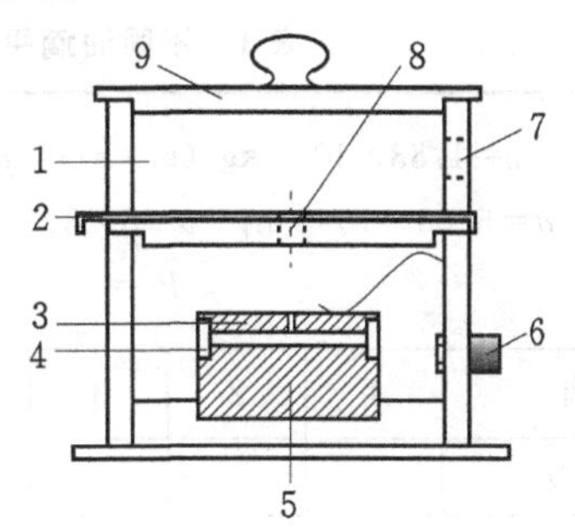

图 4-33　油滴盒结构图

1—油雾室；2—油雾孔开关；3—上电极；4—绝缘圆环；5—下电极；6—电极；7—喷雾口；8—油雾孔；9—油雾室盖

将“平衡”按钮按下时(见图 4-32)，0～700 V 连续可调的直流电压加到平行极板上，提供使油滴静止的平衡电压。电压极性按钮可改变上、下极板的带电极性，以便使符号不同的电荷平衡，按钮弹起时，上电极为正，下电极为负；反之则相反。将“提升”按钮按下时，自动在平衡电压基础上增加 200～300 V 的提升电压，以便使平衡后的油滴能移到所需位置。将“0 V”按钮按下时无电压加到极板上。电压由数字电压表显示。油滴仪设有一联动按钮，将“平衡”“0 V”按钮与计时器的“计时/停”联动，即当“0 V”按下时，油滴开始下落的同时计时器开始计时，而“平衡”按下时，油滴停止下落同时停止计时。也可以关闭联动开关分开计时。显微物镜置于防风罩前，通过绝缘圆环上的观察孔观察平行极板间成像于 CCD 的感光面上的油滴。CCD 输出的视频信号送到显示器以便于观测油滴运动的情况。计时器为数字秒表，用来测量油滴下降预定距离所需的时间。最终平衡电压和时间均显示在显示器屏幕上。

五、实验内容与步骤

①打开电源开关，整机预热 10 min。

②调节油滴仪底部的调平螺钉，使气泡水平仪中的气泡处于中央。

③将极性按钮打向“+”，将“平衡”按钮按下，联动按钮置于开的位置，调节“平衡电压”旋钮使其在 200～300 V 之间。

④用力挤压油雾喷雾器对油雾室喷一次油，显微镜调焦后就可在显示器中看到大量油滴

在下落。

⑤先将“0 V”按钮按下,观察各油滴下落大概的速度,从中选一个运动缓慢的油滴作为测量对象,再按下“平衡”按钮,仔细调节“平衡电压”的旋钮,使该油滴静止不动。这时平衡电压显示在显示器屏幕上。

⑥将“提升”按钮按下,使显示器上静止不动的油滴运动到最上方刻线,然后按下“平衡”按钮,让油滴停留几秒钟。

⑦将“0 V”按钮按下,待油滴下落至最下方刻线时,再按下“平衡”按钮,此时屏幕上显示的时间即为油滴下落 2.00 mm 所需的时间。

⑧用福丁气压计测出实验时的大气压强 P 值。

六、数据记录与处理

表1 不同油滴平衡电压与下落时间

$\eta=1.83\times10^{-5}$ kg/(m·s); $\rho=980$ kg/m^3; $g=9.80$ m/s^2;
$d=5.00\times10^{-3}$ m; $b=8.23\times10^{-5}$ hPa·m; $s=2.00\times10^{-3}$ m;
$P=$ hPa

油滴	1	2	3	4	5	6	7	8	9	10
平衡电压 U / V										
油滴下落时间 t / s										
油滴带电量 $Q_i/(10^{-19}\text{C})$										

数据处理

①编程计算 Q 值并将其按大小顺序排列。

采用所测得的原始数据,根据式(6)和式(9)编制计算油滴带电量 Q_i 以及将 Q_i 按从小到大的顺序排列的程序,并上机进行计算。

②验证电荷的量子性并求电子电荷值。

通常根据实验所测得的大量的 Q 值,验证电荷的量子性。求电子电荷值的数据处理方法有两种。

A. 统计方法。由于每个油滴所带电量是随机的,所以为了验证电荷的量子性和测定基本电荷,需要大量的原始数据并作必要的数据处理才能获得应有的结果,但一位同学在一次教学时间内所测得的原始数据较少,故可将几位同学所测得的原始数据合起来用(至少需要 40 个原始数据)。

对大量 Q 的测量值作统计分布直方图。把计算所得到的由小到大的一系列 Q 值,按各个等间隔(δQ 取 0.10×10^{-19} C)区间内(例如 $1.50\times10^{-19}\sim1.59\times10^{-19}$ C, $1.60\times10^{-19}\sim1.69\times10^{-19}$ C, …, $3.20\times10^{-19}\sim3.29\times10^{-19}$ C, …,)出现的次数(或油滴数)n,在毫米方格纸上画出测量值 Q 的统计直方图,如图 4-34 所示。

如果统计直方图为不连续状态,并且各个峰值或峰值之间的差值所对应的 Q 值近似为各个相邻峰值之间差值所对应 Q 值的平均值的整数倍,就验证了电荷的量子性。而电子电荷的

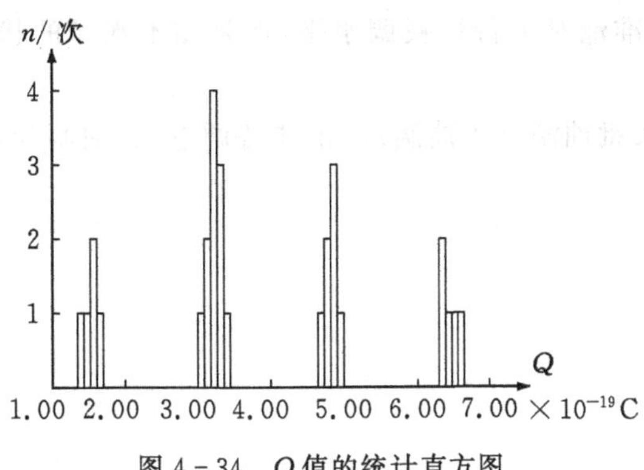

图4-34 Q值的统计直方图

值可用逐差法求出，即

$$\bar{e} = \frac{1}{k^2}\sum_{i=1}^{k}[Q(i+k)-Q(i)] \tag{10}$$

式中：$Q(i)$为统计直方图中第 i 个峰的峰值所对应的 Q 值，峰的总数为 $2k$。

B. 最大公约数法。对大量的测量值 Q 求最大公约数，这个最大公约数就是基本电荷。但对初次实验者，测量误差一般较大，求出最大公约数往往比较困难。通常可用“倒过来验证”的方法处理数据，即用公认的电子电荷值 $e_{公认}=1.60\times10^{-19}$ C 除实验时第 i 次测得的电量值 Q_i，得到一个接近于某一整数的数值，对该数值取整数，得到油滴所带的基本电荷数 n_i，再用 n_i 除 Q_i 值即得与第 i 次测量对应的电子电荷值 e_i，所有 m 次测量所得的电子电荷平均值 $\bar{e}$，即为实验测得的电子电荷值，即

$$n_i = \frac{Q_i}{e_{公认}}\Big|_{取整} = \frac{Q_i}{1.60\times10^{-19}}\Big|_{取整} \tag{11}$$

$$e_i = \frac{Q_i}{n_i} \tag{12}$$

$$\bar{e} = \frac{1}{m}\sum_{i=1}^{m} e_i \tag{13}$$

本实验也可利用与仪器配套的数据处理软件，先设置好实验有关参数，上机直接计算出 Q_i 值、基本电荷数 n_i 以及电子电荷值 e_i。

③将实验所测得的电子电荷值与公认值 $e_{公认}$ 比较，求出百分误差。

七、注意事项

①用喷雾器喷油时，不要多次挤压喷雾器，以免油雾太多，堵住油滴盒上极板的小圆孔。

②在找寻油滴作为测量目标时，不要选择过大或过小的油滴，应取亮度适中、大小适中的油滴，平衡电压和下落时间不要太小，平衡电压在 100 V 以上，下落 2.00 mm 的时间大于 16 s 为宜。

八、思考题

①在实验过程中，平行极板加上某一电压值，有些油滴向上运动，有些油滴向下运动，且运动越来越快，还有些油滴运动状况与未加电压时一样，这是什么原因？

②实验前,若不用水准泡对平行极板调水平,而是在不水平的状态下做实验可以吗?为什么?

③如果实验时看到大批油滴进入油滴盒,正准备调电压,油滴却逐渐变模糊,最后很快消失了,你能说明原因吗?

实验28　里德伯常数测定

里德伯常数在光谱学和原子物理学中有着重要地位，它是计算原子能级的基础，是联系原子光谱和原子能级的桥梁。1885年，巴尔末(J. J. Balmer)根据人们的观测数据，发现了氢光谱的规律，提出了著名的氢光谱线的经验公式。氢光谱规律的发现为玻尔原子理论的建立提供了坚实的实验基础，对原子物理学和量子力学的发展起到了重要作用。

一、实验目的

①用衍射光栅测定氢光谱的巴尔末线系中H_α，H_β，H_γ三条谱线的波长；

②由巴尔末公式求出里德伯常数；

③进一步熟悉分光计的使用方法。

二、实验仪器及用具

JJY型分光计，衍射光栅(光栅常数$d=\frac{1}{6000}$ cm)，平面反射镜，氢光谱管，高压电源。

三、实验原理

在氢光谱巴尔末系中可见光部分谱线的波长可表示为

$$\lambda=\frac{4n^2}{R(n^2-4)} \tag{1}$$

式中：R称为里德伯常数，其值为$1.0968\times10^7\mathrm{m}^{-1}$；$n$为大于2的整数。当$n=3,4,5$时，由式(1)可分别算出氢光谱中可见光部分三条谱线H_α，H_β，H_γ的波长。反之，已知波长，可利用式(1)求出里德伯常数R。将式(1)写成

$$R=\frac{4n^2}{\lambda(n^2-4)} \tag{2}$$

本实验要测定R的值，需要以氢光谱管作为光源，先在分光计上利用衍射光栅测出氢光谱巴尔末系中可见光部分谱线的波长(测波长的方法见实验23)，代入(2)式求出R。

四、实验内容与步骤

①按要求认真调整分光计，使其处于正常使用状态。

②测定H_α，H_β，H_γ三条光谱线的衍射角。

A. 将分光计平行光管狭缝置于氢光谱管前，将氢光谱管高压电源的高压调节旋钮由低挡开始逐渐加大，直到在分光仪望远镜里能看到清晰的亮线为止。

B. 将衍射光栅置于载物台上，调整光栅，使光栅平面垂直于平行光管的光轴，转动望远镜观察，适当调节狭缝宽度至能看到清晰的氢光谱线。

C. 分别测出H_α，H_β，H_γ三条谱线的一级衍射角θ，利用光栅方程$d\sin\theta=k\lambda(k=0,\pm1,\pm2,\cdots)$，计算出$H_\alpha$，$H_\beta$，$H_\gamma$三条谱线的波长$\bar{\lambda}_{\mathrm{H}\alpha}$，$\bar{\lambda}_{\mathrm{H}\beta}$，$\bar{\lambda}_{\mathrm{H}\gamma}$。

③将测量结果代入式(2)计算出里德伯常数 R,求出平均值 $\overline{R}$,并与 R 的公认值比较求出百分误差 E。

五、数据记录与处理

表 1　不同谱线的衍射角测定　$\theta=\frac{1}{4}[(\theta_A^{-1}-\theta_A^{+1})+(\theta_B^{-1}-\theta_B^{+1})]$

谱线级数	测量次数	谱线	分光计读数				衍射角 θ	波长 λ/nm	R 值
			望远镜在左		望远镜在右				
			θ_A^{-1}	θ_B^{-1}	θ_A^{+1}	θ_B^{+1}			
谱线级数 $k=1$	1	H_α							
		H_β							
		H_γ							
	2	H_α							
		H_β							—
		H_γ							

$$\overline{R}= \qquad ;E=\frac{|\overline{R}-R|}{R}\times100\%=$$

六、注意事项

①氢光管所加电压是几千伏的高压,一定要注意安全。

②注意两高压电极之间保持合适距离。

七、思考题

①氢原子的光谱具有哪些特点和规律?

②试由氢原子的里德伯常数计算基态氢原子的电离电势和第一激发电势。

③用能量为 12.5 eV 的电子去激发基态氢原子,当受激发的氢原子向低能级跃迁时,会出现哪些波长的光谱线?

第 4 章设计性实验

设计实验 1　用干涉法测液体折射率

【任务和要求】

①用给定的实验仪器测定未知液体的折射率。

②设计实验方案，推导出实验原理公式，写出实验步骤。

③分析实验结果，写出实验报告。

【实验仪器及用具】

读数显微镜，牛顿环装置，劈尖装置，钠光灯，盛液容器。

【原理提示】

利用等厚干涉原理，采用比较法。

设计实验 2　用等厚干涉法测光波波长

【任务和要求】

①用给定的实验仪器测定光波的波长。

②设计实验方案，推导出实验原理公式，写出实验步骤。

③分析实验结果，写出实验报告。

【实验仪器及用具】

读数显微镜，牛顿环装置，劈尖装置，钠光灯。

【原理提示】

利用等厚干涉原理测量光波波长。

设计实验 3　用单缝衍射测光的波长

【任务和要求】

①用给定的实验仪器测定半导体激光器光源的波长。

②设计实验方案，推导出实验原理公式，写出实验步骤。

③分析实验结果，写出实验报告。

【实验仪器及用具】

WGZ－ⅡA 型光强分布测试仪，包括：半导体激光器，可调单缝，光电探头，数字式检流计。

【原理提示】

利用光的衍射原理测量，要调出清晰的衍射图样，用光电接收装置准确测量暗纹位置，利

用公式 $\lambda = a\dfrac{\Delta x}{D}$ 计算波长。式中:a 为缝宽;Δx 为中央主极大两侧相邻暗纹间距;D 为单缝到接收屏的距离。

设计实验4 用单缝衍射法测毛发直径

【任务和要求】

①用给定的实验仪器测定毛发直径。

②设计实验方案,推导出实验原理公式,写出实验步骤。

③分析实验结果,写出实验报告。

【实验仪器及用具】

WGZ-ⅡA 型光强分布测试仪,包括:半导体激光器,可调单缝,光电探头,数字式检流计。

【原理提示】

利用光的衍射原理测量,要调出清晰的衍射图样,用光电接收装置准确测量暗纹位置,再根据各级暗纹位置计算出毛发直径。

附　录

1. 基本物理常量

物理量	符号	数　值	单　位	不确定度
真空中光速	c	299792458	$m \cdot s^{-1}$	（精确）
真空磁导率	μ_0	12.566370614…	$10^{-7} N \cdot A^{-2}$	（精确）
真空电容率	ε_0	8.854187817…	$10^{-12} F \cdot m^{-1}$	（精确）
牛顿引力常数	G	6.67259(85)	$10^{-11} m^3 \cdot kg^{-1} \cdot s^{-2}$	128
普朗克常数	h	6.6260755(40)	$10^{-34} J \cdot s$	0.60
基本电荷	e	1.60217733(49)	$10^{-19} C$	0.30
玻尔磁子	μ_B	9.2740154(31)	$10^{-24} J \cdot T^{-1}$	0.34
核磁子	μ_N	5.0507866(17)	$10^{-27} J \cdot T^{-1}$	0.34
里德伯常数	R_∞	10973731.534(13)	m^{-1}	0.0012
玻尔半径	a_0	0.529177249(24)	$10^{-10} m$	0.045
电子质量	m_e	0.91093897(54)	$10^{-34} kg$	0.59
电子荷质比	$-e/m_e$	−1.75881962(53)	$10^{11} C/kg$	0.30
电子半径	r_e	2.81794092(38)	$10^{-15} m$	0.13
质子质量	m_p	1.6726231(10)	$10^{-27} kg$	0.59
质子磁矩	μ_p	1.41060761(47)	$10^{-26} J \cdot T^{-1}$	0.34
质子磁旋比	γ_p	26752.2128(81)	$10^4 s^{-1} \cdot T^{-1}$	0.30
中子质量	m_n	1.6749286(10)	$10^{-27} kg$	0.59
原子质量单位	m_u	1.6605402(10)	$10^{-27} kg$	0.59
摩尔气体常数	R	8.314510(70)	$J \cdot mol^{-1} \cdot K^{-1}$	8.4
玻尔兹曼常数	k	1.380658(12)	$10^{-23} J \cdot K^{-1}$	8.4
摩尔体积	V_0	22.41410(8.4)	L/mol	8.4
冰点热力学温度	T_0	273.15	K	
标准大气压强	P_0	1.01325	$10^5 Pa$	

2. 国际单位制(SI)的基本单位、辅助单位和某些导出单位

	量的名称	单位名称(英)	单位符号	
基本单位	长度	米(meter)	m	
	质量	千克(公斤)(kilogram)	kg	
	时间	秒(second)	s	
	电流	安[培](Ampere)	A	
	热力学温度	开[尔文](Kelvin)	K	
	物质的量	摩[尔](mole)	mol	
	发光强度	坎[德拉](candela)	cd	
辅助单位	平面角	弧度(radian)	rad	
	立体角	球面度(steradian)	sr	
具有专门名称的导出单位	频率	赫[兹](Hertz)	Hz	s^{-1}
	力,重力	牛[顿](Newton)	N	$kg \cdot m/s^2$
	压力,压强,应力	帕[斯卡](Pascal)	Pa	N/m^2
	能量,功,热量	焦[耳](Joule)	J	N·m
	功率,辐射通量	瓦[特](Watt)	W	J/s
	电荷量	库[仑](Coulomb)	C	A·s
	电位,电压,电动势	伏[特](Volt)	V	W/A
	电容	法[拉](Farad)	F	C/V
	电阻	欧[姆](Ohm)	Ω	V/A
	电导	西[门子](Siemens)	S	A/V
	磁通量	韦[伯](Weber)	Wb	V·s
	磁通[量]密度,磁感应强度	特[斯拉](Tesla)	T	Wb/m^2
	电感	亨[利](Henry)	H	Wb/A
	摄氏温度	摄氏度(degree Celsius)	℃	
	光通量	流[明](lumen)	lm	cd·sr
	光照度	勒[克斯](lux)	lx	lm/㎡
	放射性活度	贝可[勒尔](Becquerel)	Bq	s^{-1}
	吸收剂量	戈[瑞](Gray)	Gy	J/kg
	剂量当量	希[沃特](Sirvert)	Sv	J/kg

注:( )内的汉字为前者的同义语。[ ] 内的字,是在不致混淆的情况下,可以省略的字。

3. 可与国际单位制并用的我国法定计量单位

量的名称	单位名称	单位符号	与 SI 单位的关系
时间	分 [小]时 日(天)	min h d	1 min=60 s 1 h=60 min=3600 s 1 d=24 h=86400 s
[平面]角	度 [角]分 [角]秒	° ′ ″	$1°=(\pi/180)$ rad $1'=(1/60)°=(\pi/10800)$ rad $1''=(1/60)'=(\pi/648000)$ rad
体积	升	L	$1\ \text{L}=1\ \text{dm}^3=10^{-3}\ \text{m}^3$
质量	吨 原子质量单位	t u	$1\ \text{t}=10^3$ kg $1\ \text{u}\approx1.660540\times10^{-27}$ kg
旋转速度	转每分	r/min	1 r/min=(1/60) s
长度	海里	n mile	1 n mile=1852 m
速度	节	kn	1 kn=1 nmile/h=(1852/3600) m/s
能	电子伏	eV	$1\ \text{eV}\approx1.602177\times10^{-19}$ J
级差	分贝	dB	
线密度	特[克斯]	tex	$1\ \text{tex}=10^{-6}$ kg/m
面积	公顷	hm^2	$1\ \text{hm}^2=10^4\ \text{m}^2$

4. 用于构成十进倍数和分数单位的词头

因数	词头名称	英文	词头符号	因数	词头名称	英文	词头符号
10^1	十	deca	da	10^{-1}	分	deci	d
10^2	百	hecto	h	10^{-2}	厘	centi	c
10^3	千	kilo	k	10^{-3}	毫	milli	m
10^6	兆	mega	M	10^{-6}	微	micro	μ
10^9	吉[咖]	giga	G	10^{-9}	纳[诺]	nano	n
10^{12}	太[拉]	tera	T	10^{-12}	皮[可]	pico	p
10^{15}	拍[它]	peta	P	10^{-15}	飞[母托]	femto	f
10^{18}	艾[可萨]	exa	E	10^{-18}	阿[托]	atto	a
10^{21}	泽[它]	zetta	Z	10^{-21}	仄[普托]	zepto	z
10^{24}	尧[它]	yotta	Y	10^{-24}	幺[科托]	yocto	y

参考文献

[1]王红理,黄丽清.大学物理实验.西安:陕西科学技术出版社,2003.
[2]王希义.大学物理实验.西安:陕西科学技术出版社,1998.
[3]丁慎训,张连芳.物理实验教程.北京:清华大学出版社,2002.
[4]胡运惠.物理实验.北京:中国矿业大学出版社,1996.
[5]王顺安,等.大学物理实验.西安:西北工业大学出版社,1994.
[6]陈群宇.大学物理实验.北京:电子工业出版社,2003.
[7]华中工学院,天津大学,上海交通大学.物理实验.北京:人民教育出版社,1981.
[8]刘普和.医学物理学.北京:人民卫生出版社,1989.
[9]黄诒焯.医学影像物理基础.乌鲁木齐:新疆大学出版社,1995.